우리는 수평선상에 놓인 수직일 뿐이다

대학 대신 여행을 택한 20대의 현실적인 여행 에세이

우리는 수평선상에 놓인
수직일 뿐이다

푸른길

수능을 본 지 4년이 지났고, 세계 여행을 끝마친 지도 벌써 2년 가까이 지났다. 프롤로그 글을 쓰고 있는 2019년 11월, 스물셋과 더불어 2010년대의 끝자락을 바라보는 지금. 그사이 나는 예비역 병장이 되었고, 두 번째 인도 여행과 함께 파키스탄을 다녀왔다. 다시 한국으로 돌아온 지 3주, 지극히 익숙하고 모든 게 예상 가는 이 재미없는 삶의 패턴이 그리 싫지만은 않게 느껴지는 건, 아마 그리워서였을 거다. 한국에서의 평범한 지금 삶이.

나에게 집은 그저 베이스캠프였다. 집에 돌아올 때마다 나는 고양이와 다시 친해지는 과정을 거쳐야 했으며, 같은 승강기를 탄 이웃들은 나에게 새로 이사 온 총각이냐며 되물었다. 하기야 요즘 세상에 같은 아파트 사는 사람들끼리 가깝게 지내는 일이 어디 흔한 일이겠냐만, 초중고를 졸업한 주민등록상 거주지에서도 나는 이방인에 불과했다. 십 년 가까이 살던 동네에서 마땅히 만날 사람이 없다는 건 아무래도 외지생활이 길었던 탓일 거다. 그와 더불어 동네 친구들도 모두 이곳을 떠나긴 했지만.

열아홉 살의 인도 여행과 스무 살에 떠난 세계 여행을 포함해 28개국을 다녀왔다. 하지만 얼마나 많은 국가를 다녀왔으며, 얼마나 많은 도시를 찍었는가를 두고 텍스트화하고 싶지는 않다. 스물셋이 된 지금 대한민국을 포함하여 34개국을 다녀왔지만, 그 모든 나라에서 있었던 기억들을 모두 안고 살아가지 못함은 물론, 이전에 촬영해 둔 사진을 보고 나서야 겨우 기억을 더듬는 국가도 있기 때문이다. 보통은 물가가 비싸다는 이유로 다음을 기약

하며 빠르게 지나가야만 했던 가난한 여행자의 이유 있는 선택이 다수였다. 이 책은 대학에 진학하지 않은, 일반적인 대중이 당연하게 여기는 사회 분위기에 반기를 드는 일종의 항소이유서다. 가고자 했던 학과가 없었던 데다, 성적에 맞춰 대학에 진학해 학점, 스펙, 취업으로 이어지는 FM적인 삶에 회의감을 느꼈던 열아홉 살의 내가 유일한 방안으로 여행을 선택한 방황기(彷徨記). 하지만 그땐 퍽 알지 못했다. 천만 원 가까이 되는 여행 경비를 마련해 세계 여행을 떠날 거란 것도, 그저 꿈이자 이상이었던 내 이름으로 된 책을 출간하게 될 거라는 것도. 이제 막 인천 공항에 도착해 인도행 비행기를 기다리던 열아홉 살의 나는 그 어느 것도 알지 못하고 있었다.

책을 출간함으로써 나는 그간 여행만 이어 왔던 20대 초반의 삶을 마무리하고 새로운 시대, 새로운 2020년대와 함께 20대 중반을 맞이하려고 한다. 여행은 계속 이어 나가되 보다 생산적이고, 풍요롭게 여행하는 방법을 갈구해야겠지. 보다 현실적인 삶을 바라면서 말이다.

prologue

contents

이야기..둘 스무 살은 무거운 나이다

이야기.. 셋 현실적인 스물하나

contents

Episode

이야기

하나

열아홉 살의 인도

이질감을 느꼈던 순간들

여행하면서 혼란을 느꼈던 때가 있다. 나이가 같은 또래들을 만났을 때, 여행자 대 여행자가 아닌 여행자 대 일반인으로의 만남. 그렇다고 해서 내가 공교육에서 벗어나 있던 상황은 아니었지만, 교복을 입은 이들 옆을 지날 때면 언제나 기분이 묘했다. 분명 나와 같은 처지, 같은 환경 속에서 자라 온 이들일 텐데. 도대체 무슨 이유로 나는 후드티를, 그들은 교복을 입은 채로 길 위에 서 있던 걸까.

일본에서도 내 또래들을 만난 적이 있다. 한국으로 치면 김밥나라쯤 되는 식당을 지날 때, 오사카의 길거리를 하염없이 걷던 중에 보였던 식당은 인산인해를 이루고 있었다. 왜 이렇게 많이들 모여 있나 하는 생각에 시간을 보니, 시계는 정확하게 오후 1시 30분을 가리키고 있었다. 그렇다. 점심시간이었던 거다. 나에게는 시간개념조차 사라져 1시가 되든, 2시가 되든 자꾸만 무감해져 가고 있을 때, 이들은 지금 이 시각이 되기만을 간절히 빌고 있었던 거다. 나도, 그들도 분명 나이와 자라 온 환경은 비슷했을 텐데, 도대체 어떤 이유로 대척점 위

에 서게 된 건지. 이러한 일은 비단 방학 기간이 다른 일본만의 일은
아니었다.

한국에서도 마찬가지였다. 제주도의 어느 바닷가가 보이는 게스트
하우스에서 온종일 지내다가 잠깐 시내로 나왔을 때. 어떤 이유로 나
왔는지는 정확하게 기억나지 않지만, 그 짧은 순간만큼은 아직도 기
억에 남아 있다. 교복을 입은 소녀의 빠른 발걸음. 제주도에 머무는
여행자들이 흔하게 입고 다니는 냉장고 바지를 시내에까지 입고 나
와 자유로운 영혼이 되길 갈망했던 소년에게 소녀는 이질감의 모습
으로 다가왔다. 정해진 일정에 맞춰 빠른 발걸음을 옮겨야 하는 삶.
여행자로 사는 삶과 학생으로 사는 삶, 하지만 나이는 같은 나이. 물
론 나도 얼마 뒤면 학생으로의 삶으로 돌아가야 했던 신세였지만, 그
때만큼은 소녀가 낯설게만 보였다.
이러한 이질감은 대한민국 사회가 심어 놓은 경쟁심리, 자신과 같지
않으면 철저히 소외시키거나 다양성을 존중하지 않는 배타주의에서

비롯되었다고 생각한다. 남들이 수능 공부와 내신관리에 매진하던 사이에 줄곧 여행만 다녔던 나에겐 지극히 정상적인 감정이겠지. 교사들이 학년과 계절을 막론하고 중요성을 강조하는 방학과 주말, 체험학습 보고서와 함께였던 평일에도 항상 여행과 함께였으니 말이다. 그런 이질적인 삶을 상징하는 객체가 바로 교복이었고, 중학생이 되던 날 처음으로 맞춘 교복이 고등학교 3학년이 된 지금까지도 어색하기만 느껴지는 건, 학교라는 정해진 삶보다는 여행이라는 자유로운 삶을 갈구하는 마음에서 비롯된 건 아니었을까 싶다.

대한민국 인천

⋮

사람은 의외로 큰일 앞에서 초연해진다

수능이 끝났다. 내가 왜 봐야 했던가 하는 타당한 이유도 몰랐던 수능은 옆에 앉은 이들의 짙은 숨소리와 함께 쓸려 내려갔다. 10대의 전부를 내건 이들의 낯빛은 세상 잃을 것도 없어 보였다. 어쩌면 이미 모든 것들을 잃어버려 다음을 기약했을 수도 있다. 여하튼 수능이 끝이 났다는 건 더 이상 교복을 입지 않아도 됨을 의미한다. 한 번의 기말고사, 그것도 의미를 퇴색해 노트북과 조이스틱이 함께한 놀자판이 되어 버렸고, 그로부터 일주일이 흐른 뒤 나는 책가방과 함께

인천 공항에 서 있었다. 두 달간의 인도, 열아홉에 떠나 스무 살에 돌아올 여행, 하지만 그 모든 것이 무색한 듯 나는 무덤덤한 표정으로 공항을 서성이고 있었다. 나는 왜 정작 배웅하러 온 이들보다 들떠 있지 못한 걸까.

여행의 시작은 곧 20대의 시작을 의미한다. 그 어느 대학에도 원서를 넣지 않은 나는 고졸 백수로 전락하고 만다. 대한민국 고3의 열에 여덟이 대학을 가는 마당에 이렇다 할 능력도, 전망도 없는 나는 도대체 무엇을 해야 하는가. 여태껏 단 한 번도 갖지 않았던 책임감이 양어깨에 내려앉는다. 인도 여행, 앞으로 가게 될 세계 일주, 그리고 책 출간. 누군가는 멋있는 삶을 산다고 할 것이다. 하지만 다른 누군가는 지나치게 현재만을 위해 산다고 할 것이다. 여행을 떠나고 나면, 그다음은? 학력, 스펙이 우선시되는 사회에서 FM이 아닌 삐딱선을 탄 나는 낙오자로 전락할 거다. 아무리 마이웨이를 외친다 한들 이는 금방 한계를 드러낼 거다. 여행, 여행. 여행을 통해 삶의 의미를 찾겠다는 어쭙잖은 변명은 내게 강한 확신이 되어야만 했다.

대학을 가지 않았다.
어쩌면 나는 여행을 떠나야 했을 운명인지도 모른다.

태국 방콕

:

콜카타로 가는 비행기

콜카타로 가는 비행기는 성지순례를 가는 캄보디아인들로 인산인해 였다. 어쩌면 그들에게 있어선 처음이자 마지막일지도 모르는 비행. 오늘만을 위해 몇 달 전부터, 아니 몇 년 전부터 손꼽아 기다렸을지 도 모른다. 인생에 있어 단 한 번뿐일 여정. 캄보디아에서 출발해 태 국과 인도를 거쳐 네팔 룸비니로 이어지는 순례길에서 이들은 무엇 을 보게 될까. 효도 여행으로 첫 비행기에 올라 들뜬 우리네 할아버 지와 할머니의 모습이 생각나 괜스레 미소가 지어졌다.

비행기가 이륙할 준비를 하자 캄보디아어로 된 불경이 울려 퍼진다.

수도승도, 일반 신도들도 모두 손을 모으고 우리 모두의 안전과 평안을 위해 기도한다. 물론 이를 보고 제지하는 이들도 있었다. 주로 항공 승무원이나 인도인들. 아니면 어느 정도 비행기를 타 본 '때 묻은' 사람 축에 속하는 이들. 무언가를 간절히 바라지 않아도, 될 일은 알아서 될 거라 생각한다. 그러므로 그들에게 불경은 단지 소음에 불과하다. 덕분에 불경은 잠시 멈추었지만 이내 다시 울려 퍼지기 시작한다. 그러나 이번엔 누구도 그를 제지하지 않는 건 도대체 어떤 이유인 걸까. 종교적 믿음에서 비롯된 '순수함'이 도회지의 짙은 '때 묻음'을 설득한 걸까? 그들의 깊고 낮은 소리가 짙은 마음을 움직였을 거라고 추측해 본다.

내 옆에 앉은 이들도 성지순례를 떠나는 캄보디아인이었다. 처음 대화를 나눌 땐 영어로 시도했지만, 서로의 언어장벽에 가로막혀 결국 한국어를 쓰기로 마음먹었다. 영어를 쓰는 게 무슨 의미가 있을까. 서로 듣도 보도 못한 외계어였지만, 어조나 말투에서 오는 느낌을 조합해 질문과 대답 의도를 파악하곤 했다. 그렇게 사진도 찍고, 어느 나라에서 왔는지, 무슨 이유로 인도에 가는지도 알게 되었다.

해가 져 있지 않길 바랐지만, 비행기가 땅에 닿았을 땐 이미 어둠이 내려앉아 있었다. 낮에 도착했으면 참으로 좋았으련만, 인도 루피도 거의 없는 데다 여행자 거리로 가는 길도 모르니 숙소 찾기는 하늘의 별 따기가 된다. 낮에 다녀도 위험한 인도 거리에서 큰 가방을 메고 헤맬 상상을 하니 오금이 저려 온다.

2015년 11월 26일 17시 48분.

숙소에 도착할 때까지만이라도 시간이 멈추기를 바랄 뿐이다.

#4

인도 콜카타

:

여행지로 인도를 선택한 이유

시간을 역행해 1990년대라 해도 좋다. 까만 간판과 노란 글씨. 때론 위압감도 느껴진다. 여행자라곤 한 명도 없이 인도인, 인도인, 그리고 인도인. 와이파이는 연결조차 되지 않아 여행자 거리까지 가는 방법은 전혀 알지 못한다. 공항 밖 세상을 보려다 군인과 눈이 마주친다. 한 번 공항 밖으로 나가면 다시 들어갈 수 없는 인도이기에 고개를 돌려 엉뚱한 곳으로 시선을 맞춘다. 그렇게 한참을 두리번거리다 발견한 곳은 정보센터를 가장한, 아니면 센터라고 믿고 싶은 어느 사무실. 그곳에서 한 정보를 듣게 된다.

공항 모퉁이 끝으로 가서 시내버스를 타라.

버스에는 나와 비슷한 옷차림을 한 여행자가 앉아 있었다. 우리 둘은 동시에 '어?' 하는 외마디 함성을 외쳤고 만난 지 1초 만에 그 자리에서 친구가 되었다.

이수는 네팔을 여행하고 카트만두에서 콜카타로 왔다고 했다. 그리고 태국 방콕이라는 전혀 다른 문화권에서 날아온 나. 그 날, 그 시각. 콜카타 공항이라는 낯선 공간에 도착한 여행자는 우리밖에 없었던 걸까? 콜카타에 유일하다시피 한 여행자들은 서로를 의지할 수밖에 없었다. 나는 특히 이수를 전적으로 의지했다. 카우치서핑(현지인은 여행자에게 무료로 숙소를 제공하고 여행자는 숙소에 머물며 문화를 교류하는 인터넷 커뮤니티 및 그 행위)도 오늘 점심에 거절 메시지를 받아 당장 몸조차 뉘일 숙소도 없는 데다 인터넷을 쓰지 못해 바깥세상과의 연락이 단절된 나에게 구세주는 오직 이수밖에 없었다.

다행히 이수는 예약해 둔 숙소가 있다고 했다. 같은 숙소에 가도 되냐는 나의 말에 이수는 흔쾌히 따라오라고 말했고, 그녀의 약속장소였던 KFC 앞에서 호스트인 중국인 장 씨를 만날 수 있었다. 그는 자신의 집을 홈셰어 형식으로 꾸며 여행자들에게 제공하는 일종의 게스트하우스를 운영하는 남자였다.

여행지로 인도를 선택한 이유가 있나요?

사실 여러 가지 이유가 있었지만, 가장 큰 이유는 바로 사진이었다. 카메라를 들고 있는 여행자는 인도 어디에서나 환영받는다는 말이, 그리고 사진을 찍고 있으면 외려 다가와 포즈를 취한다는 말이 나를 이끌었다. 카메라 앞에서 미소를 보이는 나라. 모름지기 사진을 찍는 사람이라면, 이들을 위해 지구 끝이라도 찾아가야 함이 마땅한 도리다. 가지각색 표정을 한 인도인의 표정을 담는 것. 사진에 흥미를 가졌을 때부터, 어쩌면 나는 인도에 오게 될 운명이었을지도 모른다.

일상 속에서 처음 보는 이의 사진을 담는 건 일반적인 일이 아니다. 당장 우리 주위를 둘러보자. 사진을 찍겠다는 낯선 이의 질문에 흔쾌히 긍정하는 사람은 없다. 눈빛조차도 마주치는 게 두려워 시선을 피하거나, 무표정한 상태로 가면을 쓰는 나라에서 사진을 구한다는 것은 실례를 넘어 타인으로 하여금 '다름'을 선언하는 큰 용기가 필요한 행동이다. 한국 사회에서 튀는 행동은 금세 눈엣가시가 되기 마련이지만, 오늘 나는 그 금기를 깨 보려고 한다.

"사진 찍어도 될까요?"

조심스럽고 걱정스러운 표정의 나와는 달리 인도인들은 흔쾌히 고개를 끄덕인다. 노 프로블럼, 안 될 게 뭐가 있겠니. 꽃시장에서 작은 골목길을 지나 큰길가로 이어지는 동안 그들은 카메라를 든 내 앞에서 미소를 보여 준다. 길거리를 찍노라면 네다섯 명씩 몰려와 카메라

앞에 서는데 세상 그렇게 해맑은 표정을 볼 수가 없다. 유쾌한 사람들과의 만남. 이들이 철딱서니가 없어서도, 삶이 각박하지 않아서도 아니다. 세상 모든 어려움을 웃음으로 승화하는 거다. 그 와중에 타지에서 온 생김새 다른 여행자가 왔으니 이 즐거움과 행복을 어떻게 나누어 주겠는가. 최대한 기쁜 모습을 보여 주는 거다. 여행자를 대하는 그들만의 방식으로 말이다.

버스에서 내리니 골목 옆으로 대형마트가 보인다. 그렇지 않아도 샴푸가 필요했던 차에, 편의점도 없는 이곳에서 대형마트는 꽤나 큰 발견이었다. 공항에서나 볼 법한 검색대를 살포시 통과하면 우리가 생각했던, 아니면 그와는 정반대일지도 모르는 마트가 모습을 드러낸다.

코너별로 정렬된 물품들과 생각보다 큰 규모, 한국의 여느 마트와 견주어도 손색없을 이곳에 샴푸가 없을 리가 없다. 종류별, 사이즈별은 물론 해석만 잘하면 비듬케어와 탈모용도 손쉽게 찾아낼 수 있어 보였다. 다만 한 가지 부족한 점이 있다면 술이 없다는 것. 마약에 취해 비틀거려도 술에 취해 비틀거리진 않는 나라. 음료나 유제품 코너 옆에 맥주가 없으니 무언가 허전해 보이긴 했다.

2층으로 올라가니 한쪽에는 전자제품 코너, 다른 한쪽에는 의류 코너가 보인다. 인도 아저씨들이 입을 법한 아저씨 스타일의 옷이나 사리(인도 여성들이 입는 전통복장)를 기대했지만, 한국의 여느 의류 매장과 비교해도 손색이 없다. 1200루피(약 2만 원) 하는 빨간 후드티에 주체하지 못할 지름신을 겨우 억누르고, 이번엔 전자제품 코너로 가 본다. 그때, 나와 눈이 마주치더니 장난치듯 도망가는 꼬마.

꼬마의 시선을 의식한 순간부터 게임은 본격적으로 막을 올린다. 일종의 숨바꼭질 놀이라고도 볼 수 있다. 한 가지 규칙이 있다면 그 꼬마와는 절대 눈이 마주쳐선 안 된다는 것. 메두사를 만난 인간이 돌덩이가 되어 딱딱하게 굳어 버리듯, 꼬마는 그 자리에서 자취를 감춰 버린다. 꼬마애 하는 행동이 귀여워서 몇 번 맞춰 준 거였는데, 어느 순간부터 놀이를 즐기고 있는 건 도대체 왜일까. 그깟 꼬마애 하나 잡기 위해 코너 곳곳을 쏘다니는 어른아이의 이야기. 국적은 다르지만 정신연령은 같은 두 아이의 숨 막히는 추격전의 끝엔 무심한 척 꼬마를 덥석 잡아 버리는 큰 아이가 있었다.

5

인도 콜카타

⋮

151128

1. 꽃시장으로 내려가는 계단 위에 바쁜 기색이 역력한 남자가 앉아 있다. 무엇을 팔고 있나 하고 보니 바나나를 팔고 있던 남자. 송이째로도 팔고 낱개로도 팔고 있었다. 한 개에 3루피. 50원의 여유라면 충분히 여유라고 말할 수 있다. 난간에 걸터앉아 시장을 보고 있으니 대포만 한 카메라를 든 서양인이 다가온다. 여행 왔어요? 얼마나 여행할 계획인가요? 어디서 왔나요? 짧은 대화가 오가고, 서양인은 계단 밑 시장으로 내려간다.

2. 호스트 장 씨의 추천으로 가게 된 중국 음식점에서 먹은 음식들. 우리가 흔히 알고 있던 자장면이나 탕수육과는 전혀 다른 모습이다. 밥에다가 일반 반찬을 덜어 먹는 형식. 젓가락질을 하는 내 모습을 보더니 중국인 3명이 놀란 표정으로 질문을 건넨다. 여행하면서 들었던 가장 황당한 질문이었다.

"너도 젓가락을 쓸 줄 알아?"

3. 여행자 거리를 걷다 우연히 한국인을 만났다. 참으로 오랜만에 쓰는 한국어에 신나서 이것저것 물어보곤 했다. 숙소는 어디예요? 지금 어디로 가요? 내 질문에 그는 강아지 밥 주러 간다고 답했다. 의아해하는 표정으로 골목 끝으로 가 보니 실제로 떠돌이 강아지 여럿이 모여 있었다. 한국에서 보기 힘든 인류애적인 모습에 새삼 놀라곤 한다. 여기 진짜 인도였구나.

4. 길에서 만난 인도인이 내게 국적을 묻는다. 중국인이니, 일본인이니. 한국인이라고 답하니 이번엔 새로운 질문지가 내려온다. 남한이니, 북한이니. 남한에서 왔다고 하자 그가 대뜸 하는 말.

"난 북한을 지지해! 김정은!"

이념적 사회주의와 북한식 사회주의가 어떻게 다른지에 대해 논하려다가 모른 척 알았다고 답했다. 콜카타 곳곳에 그려진 사회주의 심벌이 이를 말해 주고 있구나. 소련의 붕괴로 냉전체제가 막을 내림으로써 사회주의는 이미 효용성 없음이 공공연하게 드러났다. 무엇이 옳고, 무엇이 그르다고 말하지 않겠다. 그의 생각과 사상, 존중하지 않을 필요는 없으리라.

#6

인도 바라나시

:

가트에 앉아 하릴없이 멍을 때렸다

아침이 되면 안개가 껴 사방이 자욱해진다. 여긴 어딜까, 그리고 우
린 어디를 지나고 있는 걸까. 인도 동부의 콜카타를 떠난 지도 벌써
열 시간. 새벽의 추위도 견딘 나였지만, 마지막 남은 두 시간만큼은
그렇게도 가지 않는 건 도대체 어떤 이유인 걸까. 핸드폰을 꺼내다
넣기를 반복한다. 나는 그저 3층 침대에 눈을 반쯤 뜬 채로 엎드려 주
변을 둘러볼 뿐이다.
새벽을 보낸 짜이장수가 다시금 모습을 드러내고, 인도인들은 짜이

한 잔으로 아침을 맞이한다. 잠에서 깨어난 이들은 2층 침대를 접어 1층으로 모여들기 시작하고, 나에게도 어딘가에서 밑으로 내려오라는 목소리가 들려온다. 다시 시끄러워진 기차 안, 아침을 먹는 사람들. 반죽을 구워 만든 짜파티와 감자볶음 요리를 먹는 모습이 꽤 인상적이다. 감자 요리에 볶아진 커리향으로 시작하는 아침. 학생 시절부터 꿈꾸던 인도에 한 걸음 가까워지고 있었다.

오전 10시, 느린 속도로 강 하나를 건넌다. 혹시나 싶은 마음에 같은 객실을 썼던 인도인에게 물어보니, 지금 갠지스강을 건너고 있다고 답했다. 힌두교의 성지이자 여행자들의 성지, 바라나시를 보지 않았다면 인도를 보지 않은 거라고 했다. 기차는 열 하고도 세 시간을 달려 모두의 성지라 해도 좋은, 바라나시에 도착한다.

아무리 악명 높은 콜카타였다지만, 여행자를 상대로 사기를 친 적은 없었다. 군중과 인파에 치여 낯선 위협은 느껴도 그들이 직접적으로 다가와 골머리를 썩이진 않았다는 거다. 그만큼 여행자들의 수가 적어 상대적으로 무관심했다는 얘기겠지. 하지만 여기는 바라나시다. 언급했듯 힌두교의 성지인 동시에 인도를 여행하는 모든 이가 집결하는 여행자의 성지. 한마디로 줄이자. 이곳은 외국인들을 돈으로 본다. 본격적인 게임은 이제부터 시작인 셈이다.

13시간 만에 이수와 재회했다. 다른 칸이라 이대로 안녕인가 했더니 용케도 살아 있었구나. 이제부터 나와 이수는 한 팀이 되어 앞으로 닥쳐올 난관들을 헤쳐 나가야 한다. 나는 강가에 있는 쿠미코로, 이수는 시내 안쪽에 있는 호스텔로. 예리한 눈빛을 가진 릭샤 왈라들을 상대로 맞서 싸우려면 혼자보다는 둘이 백만 배 낫다. 릭샤값은 절반, 우리의 땡깡이 만들어 낼 기대효과는 두 배 이상. 흥정의 신이 나서서 흐뭇하게 미소를 지을 것이다.

아까 계단에서도 웬 남자 하나가 들러붙더니(길 안내를 빌미로 다가오는 이들은 느낌상 걸러 주는 게 좋다.) 역 밖은 말할 것도 없이 살벌했다. 어서 와, 바라나시는 처음이지? 가지각색, 다양한 모습들을 한 왈라들이 모여든다.

"헤이 마이 프렌즈, 툭툭?"

이들은 우리가 어디로 갈지, 아주 자세하고 정확하게 알고 있다. 강가. 사실 바라나시를 찾는 여행자들은 모두 그곳으로 가니까. 릭샤 요금이 두 배 세 배 뻥튀기되는 건 예삿일도 아니다. 인도 물가를 잘 모르거나 알아도 자국보다는 훨씬 싸다는 이유로 쿨하게 오케이를 외쳐 주는 수많은 이들 덕.분.에. 우리에게 있어 바가지는 피할 수 없는 숙적이 되어 버렸다. 하지만 크게 두려워하지는 말라. 우리 뒤에는 흥정의 신이 서 계시니.

둘이서 150루피. 처음으로 만난 릭샤 왈라가 내놓은 값이었다. 2700원 정도이니 그리 비싼 금액은 아니었다. 한국이었으면 버스 한 번 정도 탈 수 있는 소소한 금액이니 말이다. 하지만 여긴 인도다. 현지인들은 이 가격의 반의반도 안 되는 값으로도 잘만 다니고 있다는 사실을 누구보다도 잘 알고 있는 우리다. 근데 백오십이나 내라고?

일종의 자존심 싸움이다. 상대적으로 잘사는 나라에서 온 우리는 현지인보다 더 많은 금액을 내야 한다는 패배의식으로 꽁꽁 동여매인 왈라들, 그리고 그런 우리조차도 잘살겠냐며 따지고 들어가는 우리. 첫 번째 스킬을 사용한다. 눈빛조차도 마주치지 않으며 거절을 외치는 것. 예상대로다. "이 가격 아니면 안 돼!" 하며 강경하게 밀어붙이

던 왈라들도 말이 바뀌기 시작한다. 140··· 120··· 110······. 합의점을 찾아냈다. 둘이서 100루피. 여행자들 사이에선 최고로 저렴한 금액 이었다.

가트(갠지스강으로 이어지는 돌계단) 근처 중앙광장에 내리자 이번엔 등 굽은 어수룩한 남자가 다가온다. 내 얼굴에 적힌 '저 여기 처음이에요' 나 '아무것도 몰라요'라는 글씨라도 읽은 모양이다. 몰라도 아는 척, 알면 당연히 아는 척 해야 되는데, 커다란 가방을 멘 어리석은 여행자여, 정말이지 난 쿠미코가 어디에 붙어 있는지조차도 알지 못했다.

일단 강가 쪽으로 가는 걸 보니 쿠미코로 가는 건 맞는 것 같았다. 하지만 그가 여간 의심스럽지 않다고 느낀 나는 그에게 줄곧 노 머니를 외치며 못을 박았다. 아, 알았다고! 남자는 알았다며, 돈 안 줘도 된다며 그냥 따라오라고 했다. 그런데 예상대로, 나를 포함한 모두의 예상대로 막상 쿠미코에 도착하고 나니 얘기가 달라졌다. 나더러 돈을 달라고 했다.

지금 내가 할 수 있는 건 오직 하나였다. 따돌리기. 숙소 안으로 들어가 방 알아보는 척이라도 해 보자. 망가진 기계처럼 똑같은 말만 해댈 이에게 협상은 어차피 불가능한 일이다. 시간이 지나면 좀 알아서 돌아가 줄 것이다. 시간 싸움에 지친 이가 다음 타깃을 잡으러 거리로 나설 것이다… 라고 생각했는데, 잔뜩 구겨진 표정과 말투로 끝까지 자리를 지키던 남자. 숙소 매니저가 나섰다. 등 굽은 이 남자를 알고 있냐고.

안다고 했다간 남자의 편으로 돌아설 게 분명했다. 오늘 처음 본 사람을 어떻게 알겠냐며, 덤덤하고 무심한 듯 모르는 사람이라고 답하자, 남자는 애써 체념하는 표정으로 자기 갈 길 돌아갔다. 허공만 도는 이야기가 지속되니, 남자의 입장에서도 별수 없는 일이었던 거다. 하지만 그를 다시 보게 된 건 다음 날 숙소 앞이었다. 한 푼이라도 더 떼먹기 위해 찾아온 남자. 하지만 그로부터 벗어나게 한 구세주가 있었으니, 바로 주인장 어르신이었다. 분노한 말투와 호통 몇 번에 말없이 돌아가던 남자. 덕분에 그에게 시달릴 일은 더 이상 없게 되었다. 마주쳐도 알아보지 못하는 느낌. 꽤나 호된 신고식이었다. 그렇게 첫날 등 굽은 남자에 대한 기억은 점점 잊혀만 갔다.

바라나시에 대한 설명을 조금 덧붙이겠다. 여느 곳과는 다르게 정말이지 동네가 좁은 이곳. 여행자 거리도 마찬가지다. 방콕의 카오산로드에 비교하면 도로 폭이 1/8 수준이니 더 이상의 말은 하지 않겠다. 오토바이나 소 한 마리라도 어슬렁거리는 날에는 일동 정지. 건물 앞에 있는 모서리에 올라가거나 다른 골목으로 숨는 등 갖가지 방법을 써야 한다.

여행자 간의 네트워크도 끈끈한 모양이다. 쿠미코 바로 옆에 붙어 있는 레바 게스트하우스. 쿠미코가 일본인들의 성지였다면 레바는 한국인들의 성지라고 볼 수 있다. 길 가던 한국인, 서양인, 인도인 모두가 여기저기 널브러진 사람들을 보곤 '여긴 뭐하는 곳이지?' 하면서 쳐다보고 가는 곳. 처음 나에게 쿠미코를 추천했던, 제주에서 늘 마주했던 여행자 인철도 이곳을 한 달 가까이 오갔다고 했다. 하루빨리 이곳부터 접수함이 옳았다.

여행자들을 위해 개방한 카페 겸 식당이라지만, 왜인지 모르게 눈치가 보인다. 책을 꺼내 읽기도, 그렇다고 핸드폰만 붙잡고 있기에도. 널브러져 눕는 건 도저히 못하겠다. 시골 살다 대도시 서울로 전학 온 아이처럼 모든 것이 낯설고 어색한 게다. 여태까지 당당하게 입어온 냉장고 바지가 아주 살짝 부끄러워질 때쯤, 어디선가 누군가의 목소리가 들려왔다.

"루미큐브 한 판 하실래요?"

이역만리 인도에서 루미큐브라니. 학교 다닐 때 친구 하나가 게임 블록을 가져온 적이 있어 두세 번 정도 해 본 기억이 난다. 그런 추억의 게임을 인도에서 하게 될 줄이야. 한번 해 볼까 해서 시작한 게임이었는데, 정말이지 빠져들었다. 빠져들고, 또 빠져들었다. 그러다 게임이 점점 판이 커지더니 나중에는 카드 게임과 함께 소소한 먹을 것과 마실 것을 건 내기로 이어지게 되었는데, 덕분에 얼굴도장 한번 제대로 찍은 건 물론 여행자 사회에 완전히 녹아들 수 있었다.

동물과 더불어 산다기보다는, 단순히 공존만 한다는 느낌이 더 강하

다. 요리사는 국자로 소의 콧등을 가격하고 소는 길 한복판에 자리를 깔고 누워 잠을 청한다. 서로가 서로의 영역을 침범한다. 서로가 서로를 밀어낼 뿐이다.

남자인지 여자인지, 최근에 왔는지 몇 년 전에 왔는지도 모르는 누군가가 담벼락에 글을 남겼다. 천천히 눌러쓴 글씨체에 문법은 엉망이었던 그런 글. 그 글을 또 다른 누군가가 보고는 문법을 싹 다 고치고

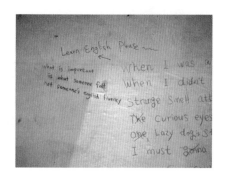

영어 좀 더 배우라며 비아냥거리는 말투로 답글을 적었다. 그리고는 며칠인지 몇 년인지 모를 시간이 흐른 후, 또 다른 답글이 달렸다.

그 사람이 느낀 것을 영어로 표현하는 데 유창함이 무엇이 중요한가요.

지극히 당연한 말이겠다. 여행을 다니다 보면 영어라는 난관에 자주 봉착하게 된다. 나 또한 출중한 영어실력을 가지고 있지 않기에, 대화를 나누다 어려운 단어가 나오거나 다소 무거운 화제에 관한 이야기가 나오면 금세 난관에 봉착해 버벅대곤 한다. 그럴 때마다 나는 사전을 찾아보고는 되지도 않는 문장으로 대화를 이어 나간다.
영어를 못하는 건 죄가 아니다. 영어가 모국어가 아닌 서방 국가의 경우, 기본적인 알파벳과 어순이 유사하므로 영어를 사투리처럼 자유롭게 구사한다. 그 반면 문자와 어순마저 다른 한국과 일본 같은 아시아 국가에서 영어는 무에서 유를 창조하는 어려운 일이다. 이는 영어권 국가 사람들도 알고 있다. 일단, 문장구조가 맞지 않더라도 한마디 말이라도 해 보자. 하다 보면 언젠가 영어실력이 늘겠지 하면서 말이다.

태원과 대환은 방콕에서 만난 인연이었다. 이들 역시 나와 같은 루트
로 인도에 가는 사람들이었지만, 비행기 날짜가 달라 연락처만 주고
받았다. 인도에서 볼 수 있으면 보자는 말만을 남긴 채. 막상 방콕에
서는 그렇게 어울리진 않은 것으로 기억한다.

그런 그들을 만나게 된 건 콜카타의 어느 거리였다. 혼자 밥 먹으러
나온, 이런 곳에서 어떻게 만났을까 싶을 정도로 허무맹랑한 재회.
굶주려 허기가 단단히 진 세 남자가 찾은 곳은 한국 음식을 파는 노
점이었다. 여행자 사이에서 꽤 유명한 모양이었는지 나조차도 추천
을 받아서 갔던 곳. 하지만 명성과는 달리 이들은 표정에서 물음표를
자아냈다. 유난히 배고팠던 나를 제외하면 여전히 물음표였던 곳. 앞
으로 느낌표로 각인될 인도와, 이들과의 첫 조우였다.

태원은 김치볶음밥에 미쳐 있었다. 같은 숙소에서 묵었던 그에게 식사 메뉴를 물어보면 언제나 같은 대답이 돌아왔다. 김치볶음밥. 아침도 김치볶음밥, 점심도 김치볶음밥, 저녁도 김치볶음밥. 김치볶음밥을 먹다 죽은 귀신이 붙어도 과연 저 정도였을까? 인도에선 꽤나 비싼 축에 속한 메뉴였지만 생각해 보면 또 그럴 수도 있겠구나, 낯선 인도에 적응하기 위한 그만의 방법이라고 여겼다. 슬픔, 기쁨, 분노, 증오, 행복 모두가 뒤섞이는 구여친 같은 바라나시에서 김치볶음밥은 유일한 낙이었다고.

여기서 할 수 있는 일은 극히 드물었다. 파리나 여타 유럽과 같이 뚜렷한 관광지가 있는 곳도 아니었고, 동네조차도 코딱지만 한 곳이었다. 가뜩이나 뭐라도 해야지만 인정을 받고, 직성이 풀리던 사회 속에서 자란 우리가 바라나시에 물드는 건 여간 어려운 일이 아니었다. 할 게 없다면 만들어서라도 하자. 바라나시에 도착하고 사흘 동안 나는 사진 출사를 나갔고, 다른 누군가는 2km 떨어진 다른 가트까지 걸어갔다 오기도 했다. 하지만 그마저도 의미가 없었는지 하나둘씩 가트로 모여드는 사람들. 귀로의 끝엔 언제나 가트가 있었다.

"저요? 오늘 정말 많은 일들을 했어요. 바라나시역에도 갔다 왔고요, 핸드폰 충전도 하고 씻기까지 했어요. 이만하면 정말 많은 일들을 한 거 아닌가요?"

불현듯, 네팔 여행을 마치고 왔다는 남자의 말이 뇌리에 꽂혔다. 오후를 지나 저녁을 향해 닿아 가고 있었지만, 그의 표정에선 불안함은 코빼기도 보이지 않았다. 오히려 편안해 보였다. 아무것도 하지 않음으로써 의미 있는 하루를 채워 가는 거다. 흘러가는 강물과 오고 가는 사람들과 함께 진정한 인도 속으로 스며드는 것이다.

사람들은 답한다.

"어유, 바라나시역이면 먼 길 갔다 오셨네."

아침의 피리소리와 뿌연 안개, 가트에 모인 사람들의 오고 가는 이야기, 김치볶음밥과 윤태원, 비쩍 말라 버린 개와 길바닥에 누워 있는 암소, 한 잔의 짜이와 멍 때리기, 그리고 멍, 하릴없이 그저 멍. 아무 것도 하지 않으니 내 옆에서 어떤 일이 일어나는지 눈에 들어오기 시작했다. 행복하다. 입시공부에 매달려 교재에만 집중했던 지난날을 뒤로한 내가 바깥세상에 집중할 수 있게 되었다. 아름다운 나날이 계속되겠지만, 이마저도 익숙해져 덧없는 자유를 다시 두려워하게 될 것이다. 그러니 지금만큼은 괜찮다고 내게 말해 주고 싶다. 아무것도 하지 않는 것도 충분히 의미 있다고.

바라나시는 지금 현대 사회에서 찾아보기 힘든 공동체적 이상향을 가지고 있다. 동네가 워낙에 좁은 탓인지 서로가 다 아는 사람들인데다 사랑방 역할을 해내는 가트를 비롯한 몇 장소가 있던 덕분에 굳이 같은 숙소가 아니더라도, 사전에 미리 약속을 잡지 않아도 충분히 여행자 간의 소통과 공감을 이뤄 낼 수 있다.

놀이터에 나가면 친구들이 다 모여 있었다는, "스마트폰 없이도 잘 놀았다더라"라는 전설적인 이야기를 윗세대로부터 들어 온 지금 우리 세대에게 바라나시와 같은 이상향은 멀게만 느껴진다. 마찬가지로 나도 일생의 대부분을 도시에서 지낸 탓에 옆집 사람 얼굴도 모른채로 자랐다. 그래서 지금도 같은 층에 사는 이조차 층수 누르는 것을 보고 나서야 인사를 건넨다. 같은 층에서도 누가 사는지 잘 모르기 때문에.

바라나시가 그런 이상향을 가지게 된 데에는 여러 가지 요인이 있다. 첫 번째로는 개방적인 마인드를 가진 여행자들이 모였다는 것. 두 번째는 인도 정부의 적절한 압력이 있었다는 것. 인도는 힌두교 국가인 만큼 술에 대해 관대하지 않다. 특히 바라나시의 경우 인도 내에서도 보수적인 도시에 속하는데 그럼에도 불구하고 자유로움을 찾아 떠난 여행자들의 성지인 건 도대체 어떤 이유인 건지. 식당에서의 주류 판매를 허용하지 않는 데다 어둠의 경로를 활용해도 3천 원 가까이 되는데 비교적 저렴한 인도 물가에 비하면 터무니없이 높은 값인 덕분에 일부 여행자들은 주류에 관대한 디우나 고아를 꿈꾸곤 한다.

세 번째로는 여행자들이 모일 만한 적당한 공간이 있다는 것. 정말이지 많은 사람이 모이며 그에 따른 수많은 이야기가 오가는데 이건 비단 한국인 여행자들만의 이야기는 아니다. 며칠 전에는 가트에서 엽서를 팔고 있는데 옆에서 황금만능주의자 인도인과 반대론자 서양인이 세 시간여에 가까운 열띤 토론을 펼치거나 크고 작은 사기꾼들이 오가고, 어느 도인의 한마디에 온 여행자가 '안다만' 제도의 마력에 빨려 들어간 정치가 시작되는데 이런 거대한 아고라에서 할 수 있는 건 도대체 무엇이란 말인가.

내일이면 이런 매력적인 도시를 떠나게 된다. 눈치만 살폈던 포카라를 드디어 가게 되었기 때문이다. 밤기차와 버스 두 번, 거기에다 두 발로 국경까지 넘으면 완벽하게 하루가 걸리지만 그래도 갈 수 있다는 믿음에, 어떻게든 될 거라며 마음을 다잡는다.

엽서를 다섯 장밖에 팔지 못한 나에게 디아(강에 띄워 소원을 비는 꽃접시)
파는 아이들은 "rich"라고 말한다. 처음엔 100루피밖에 벌지 못했다
고 생각했는데, 아니었다. 100루피나 번 거였다. 디아 하나에 10루피
를 팔아도 일정 금액밖에 받지 못하는 이들에게 내 모습은 얼마나 오
만해 보였을까.

이곳에서 만난 아이들에게 나이를 물어본 적이 있다. 대부분 초등
학생 나이쯤 될 거라는 생각에 넌지시 던진 질문이었지만 이는 무방
비상태였던 내 뒤통수를 심하게 후려갈겼다. 대부분이 10대였는데
적게는 열 살에서 열두 살, 많게는 열여섯이나 열일곱 살. 그러니까
만 나이로 열여덟 살인 나는 불과 몇 살도 차이 나지 않는 또래 앞에
서 의도치 않게 갑의 입장에 서고 만 거다. 부자 나라에서 온 여행자
의 프레임과 그런 여행자에 의존하는 현지인의 프레임. 환멸을 느낀
다. 체격 차 탓인지 상대적으로 내가 더 크게만 느껴지는 것, 하지만
나와 그들은 다를 게 없는 동등한 위치라고 생각한다면 비겁한 위선
이 되어 머리를 옥죄겠지. 무엇을 생각하든 부질없음을 깨닫는다. 여
행자는 그저 표류하는 이라고, 두 가지의 프레임과 그에 따른 관계는
여행자가 만든 게 아니라고. 나는 그렇게라도 믿고 싶었다.

#7

네팔 포카라

:

포카라 고행

바라나시에서 포카라까지 가기 위해선 한 번의 기차와 두 번의 버스를 타야 한다. 기차를 타고 국경도시인 고라크푸르까지, 그리고 버스를 타고 소나울리 국경을 지나 포카라까지 가야 한다. 하루가 꼬박 걸리는 여정이다. 어쩌면 하루가 더 걸릴 수도 있다.

우리는 이동 방법에 대해 약간의 설전을 벌였다. 네팔의 수도 카트만두로 한 번에 가는 버스를 탄 다음 갈아탈 것인가, 아니면 기존에 많이 알려진 루트로 갈 것인가. 사실 포카라까지 가기에는 전자가 훨씬 나은 방법이다. 그럼 딱 한 번만 갈아타도 되니까. 하지만 그러기엔 터무니없이 가격이 비쌌다. 바라나시에 2주 동안 머물면서 낸 숙박비보다 더한 값을 내느니, 차라리 번거롭더라도 두세 번 갈아타는 게 더 나아 보였다.

기차는 예정보다 두 시간 늦게 모습을 드러냈다. 전광판에 적힌 예정 도착 시각이 달팽이처럼 조금씩 늘어날 때마다 심장은 쫄깃해져 갔다. 이제쯤이면 오겠지 하는 마음으로 보러 갔다가 아직은 때가 아닌가 보다 하면서 돌아서기를 반복했다. 그러는 동안 우리는 각자의 발가락에다 실을 걸고 마저 다 만들지 못한 팔찌를 만들었다. 쟤네들은 뭐지 하는 인도인의 시선에도, 겨울에도 극성인 인도 모기에도 아랑곳하지 않던 우리였다.

고라크푸르에는 예정보다 한 시간 이른 아침 8시에 도착했다. 기관사가 새벽 내내 열심히 속도를 낸 모양이다. 늦게 도착하고 일찍 도착하고를 떠나, 그냥 도착할 수 있었다는 것 자체만으로 얼마나 감사하던지.

인도 어디에서나 짜이를 팔 듯 이곳에도 작은 노점상이 하나 있었다. 고민한다. 저 짜이를 마실 것인가, 아니면 마시지 않을 것인가. 오후가 되기 전까지는 공복일 테니 마실 것인가, 아니면 이동할 때는 공복이 진리라며 배고파도 그냥 갈 것인가 하는 쟁점을 두고 한참을 고민한 결과 짜이를 마시기로 마음먹었다. 그리고 그때 마신 짜이의 맛은⋯⋯.

달았다. 정말이지 달달했다. 너와 나 사이 그렇고 그런 사이처럼 달달하다 못해 설레었다. 앞으로 인도 여기저기에 가겠지만, 이런 맛은 이번이 마지막일 것만 같았다. 우유가 더 들어가서 그런 걸까? 짜이가 좋아서 인도행을 결정한 나인 만큼 이번에 먹은 짜이는 감동이었다.

잠은 잘 수 있을 때 자는 게 좋아.

비포장도로라 버스는 계속 덜컹거렸다. 빵빵거리는 옆 차들에 맞춰서 5초에 한 번씩 크락션을 갈겨 대기 일쑤였다. 다리를 제대로 구겨 넣을 틈이 없어 무릎은 아파 오는데 아이마저 울음통을 터뜨린다. 사람, 염소, 닭이 같이 타는 낡아 빠진 럭셔리버스는 아니지만 뭐가 그리도 욱여져 있는 건지, 아니면 반대로 재네는 뭐하러 여기까지 와서 구겨진 옷가지처럼 처박힌 걸까 하며, 옆에 서 있던 인도인은 곱씹었을 게다.

이곳에는 언제나 '몇 시에 도착한다'가 아닌 '언젠가는 도착할 것이다'라는 전제가 깔려 있다. 끝을 알 수 없으니, 그리고 이 상황이 언제까지 지속될지 알 수 없으니 조급해할 필요가 없는 것이다. 마음을 놓고 '여긴 인도잖아요'를 되뇌면 모든 것들이 편안하다.

버스는 5시간을 달려 국경마을 소나울리에 도착한다. 어릴 적 손을 놓쳐 인생 첫 번째 위기를 맞은 휴일 날의 어린이대공원보다, 찌듦과 피곤함이 한데 모아 어우러진 퇴근시간대의 신도림역보다 혼잡한 이곳을 빠져나가야 하는데, 이상하리만큼 지금 내 머릿속엔 바나나가 아른거린다. 1초에 한 번은 울려 퍼지는 크락션에 발 디딜 틈조차 없는 이곳에서 생각한 게 바나나라면 무지한 걸까? 아니면 그조차도 생각하기 귀찮아서 내놓은 발상인 걸까. 죽을 위기에 놓인 개가 세상 모든 것에 데어도 아무렇지도 않아 하품이나 갈기듯, 복잡하고 괴로울 거 아는 만큼 생각의 원천을 봉쇄한 거다. 달고 맛있는 인도산 바나나! 그것만이 유일한 희망이었다.

동네 구멍가게보다도 더 허름한 사무실에서 출국도장을 찍고 네팔 국경으로 넘어가 입국신고서와 비자 발급비용 40달러를 건네자 환한 표정으로 여권을 건네준다. 이제부터는 네팔이다.

1. 핸드폰을 껐다 켜자 네팔 표준시로 시간이 맞춰진다. 네팔은 인도 보다 15분 더 늦은 시간대를 사용한다. 이로써 한국과의 시간 차를 계산하는 건 더 어려워졌다. 시간대의 미세한 변화로 한국과의 거

리가 더 멀어졌음을 느낀다. 기분이 오묘하다.

2. 네팔은 네팔 고유의 책력을 사용한다. 2015년 12월 14일인 오늘은 2072년 8월 28일인 셈이다. 우리나라의 단기와 불기나 일본의 일왕력처럼 연도가 다른 책력을 본 적은 있어도 월일마저 다른 건 처음이다. 비자와 같이 국제적인 문서에는 서기력을 사용하지만 통상적으로는 네팔력을 사용한다. 영수증에도 마찬가지로 2072년 이라고 적혀 있다.

3. 이뿐만 아니라 숫자를 표기하는 문자에서도 다른 양상을 보이는데, 통상적으로 사용되는 것 같지는 않아 보여 굳이 외워야 하는 수고스러움은 없어 보인다. 다만 대부분의 차 번호판이 네팔 숫자로 돼 있어 유심히 볼 필요가 있겠다. 이건 번호를 기억한다기보다는 그림체를 외워야 하는 수준에 가깝기 때문에……

그 외에 여행사 직원이 거지를 내쫓으면서도 귤을 건네는 '츤데레'와도 같은 나라. 외모가 한국인과 엇비슷해 한국말로 말을 걸 뻔했던 나라. 그리고 거지의 스킬이 남다른 나라. 다섯 살도 안 돼 보이는 아이들이 소리를 내며 달려오더니 엎드려서 절을 하더라. 인도 거지들보다 최소 요구치가 훨씬 적은 5루피라도 타 내기 위해 스스로가 바닥이 되길 자처하는 거였다. 계속 보고만 있다간 죄를 짓는 것 같아서 눈을 돌려 버렸다.

솔직히 말하면 기대를 크게 하지는 않았다. 문화권도 같은 인도와 다르면 얼마나 다르겠냐는 거다. 어떻게 보면 네팔은 인도의 세트 메뉴와도 같다. 가이드북에서도 인도와 네팔을 한 묶음으로 엮어서 소개하고 있는 데다 히말라야 트레킹이나 패러글라이딩 말고는 별 다른 메리트가 없을 거라 생각했던 곳이었다. 하지만 한 가지 다른 점이 있었다면, 바로 거리였다.

거리에 경적이 울리지 않는다. 어딘가 허전한 구석이 느껴진다 했더니 바로 조용한 거리였다. 적당한 타이밍이 되면 괴성이 고막을 뚫고 가 줄 거라 생각했는데, 덕분에 오늘 밤은 편하게 잘 수 있겠구나. 핸드폰에 담긴 음악도 제대로 들을 수 있을 거라 믿었다. 국경을 넘어오자 받은 첫인상 그대로일 거라 생각했는데, 불현듯 떠오른 안 좋은 예감은 왜 항상 틀리지 않는 걸까.

네팔이나 인도의 대중가요는 장르가 하나밖에 없음이 분명하다. 한결같이 쿵작대거나, 남녀가 듀엣으로 노래를 부르거나, 휘파람 불기를 반복한다. 뮤지컬을 연상케 하는 인도영화를 닮아 있다. 심지어 잔잔하게 시작해 편안한 밤을 예고한 곡도 어느 순간 장르가 바뀌어 회귀하기에 이르는데, 이상하리만큼 현지인들은 다들 잘만 잔다. 마치 자기 집 안방에 누워 있는 것처럼 말이다. 문화의 차이인 걸까, 아니면 이러한 환경에 이미 해탈한 그들인 걸까. 내 옆의 남자도 내게 무릎을 기댄 채 잘만 자고 있다. 옆에 앉은 내가 찌그러진 만두가 되어도 별로 중요하지 않은 눈치인지, 나조차도 그를 따라 다리 위에 척 하니 발을 올렸다. 남자의 이기심에 감동한 나의 행동에 그는 '모든 것을 포용할 자세가 되어 있다'라는 표정으로 흔쾌히 자리를 내어주었고 이로써 한국과 네팔이 합심한 이기주의가 뭉쳐 하나의 앙상블을 만들게 되었다. 비단 나 혼자만이 아닌 모두를 위한 이기주의.

비좁은 공간에 귀청까지 떨어뜨릴 음악마저도 앙상블을 이루는 버스치고는 훈훈한 결말이 아닐 수 없었다.

우리가 찾아간 숙소는 게스트하우스 중에서도 침대가 3개 달린 방이었다. 24시간 내내 따뜻한 물이 나온다거나 전기가 들어오는 건 아니었지만 네팔에선 그다지 큰 기대를 하지 않는다. 그저 푹신한 침대와 제대로 된 이불 속에서 헤엄을 칠 수 있음에, 침낭을 파고들지 않아도 따뜻할 수 있음에 감사하기로 했다.

아침이 되자마자 일식집인 후지야마로 향했다. 얼마나 맛있는 곳이면 바라나시에도 소문이 자자할 정도인지, 충분히 기대할 만하다. 가게 한편에 걸린 일본기와 일본 특유의 청량한 느낌. 네팔보다는 일본에 가까워 보이지만 기계에 문제가 있어 라멘은 안 된다는 말에 새삼 네팔임을 실감한다. 가츠동과 규동, 돈가스를 주문하자 15분도 안 되어 음식이 나온다. 생각보다 음식을 빨리 준비한 주방장의 손놀림에 놀라고, 음식 맛에 다시 놀란다. 이전에 일본을 여행할 때 먹었던 맛에 하루에 꼭 한 번은 이곳에 오기로 마음먹었다.

포카라에 도착한 첫날인 만큼, 여행자 거리인 레이크 사이드를 따라 환전소를 찾아보기로 했다. 인도에서 쓰고 남은 인도 루피만 그득했던 탓에 네팔 루피가 절실하게 필요했다. 환전소에서는 과연 얼마나 쳐줄지. 그리고 네팔에서는 인도 루피를 별로 안 쳐준다. 과연 제값에나 바꿀 수는 있을지.

1.55

처음으로 간 환전소에서 내놓은 답변이었다. 인도 1루피를 네팔 1.55 루피로 쳐준다는 것. 고정 환율인 1:1.6에 비하면 터무니없이 짠 가

격이었다. 다른 데도 알아보고 다시 오겠다는 형식적인 말을 남긴 채 다른 곳으로 가 보기로 했다.

1.56

소수점 자리가 하나 올라갔다. 이번에도 역시 다른 데 더 알아보고 다시 오겠다는 형식적인 말을 남겼다. 그래도 서서히 올라가고 있다.

1.58

조금만 더 가 볼까?

1.60

목표치에 도달했지만 그래도 혹시나 하는 마음에 다른 곳도 더 알아보기로 했다. 조금만 더 가면 1.65까지 쳐주는 곳이 나오겠지. 아니면 그에 가까운 값이라도 받을 수 있겠지. 하지만 이미 한계점에 도달한

듯 그 이상의 값은 더 이상 들을 수 없는 모양이었다. 인간의 욕심은 끝이 없다더니, 과연 사실인 듯했다.

인도에 비해 화폐가치가 상대적으로 낮은 네팔 루피로 바꾸자 지갑이 더 두둑해진다. 회색 배경의 에베레스트산이 그려진 1천 루피 지폐가 못내 어색하지만, 시간이 지나면 우리나라 1만 원짜리 보듯 익숙해지지 않을까 싶기도 하다.

포카라는 유토피아와도 같은 곳이다. 갈망의 대상. 어둡고 사람들에 치이는 바라나시와는 반대되는 이상향과도 같은 곳이다. 소똥을 밟을 걱정이 없어 온 신경을 바닥에 집중하지 않아도, 좌판이나 가게에 진열된 물건에 시선이 스쳐도 여행자들의 발걸음을 '굳이' 멈추게 하지 않는 데다 분위기 넘치는 카페, 술과 고기를 대놓고 파는 가게들. 음주가무를 즐기는 데 있어 조금의 눈치도 보지 않아도 되는 곳이었다.

하지만 이것만으로는 무언가 부족하지 않은가. 거리가 깨끗해도, 아무리 특별한 포인트가 있어도 여행자들을 열광케 하는 맛집이 없다면 약간의 아쉬움이 남을 테다. 모름지기 유토피아라면 하루 거리 밖에서도 여행자들의 입소문을 제대로 타는, 이름 있는 맛집과 숨은 맛집이 적절한 조화를 이뤄야 하는 법.

바로 이곳에, 그런 맛집이 하나 있다. 후지야마도 후지야마였지만, 사실 우리가 고대하던 맛집은 따로 있었다. '소비따'의 음식점이라는 뜻에서 소비따네인지, 아니면 이름 자체가 '소비따네'인지 모를 한식당. 바라나시에까지 소문이 퍼질 만큼 정평이 난 곳이었다. 다른 건 몰라도 꽁치김치찌개가 그렇게 맛있다고 하던데. 돼지고기 김치찌개와 함께 제육볶음도 주문한다. 메모장에 글을 남기고 이런 저런 이야기들을 나누다 보니 어느새 음식이 나온다.

숨을 잠시 멈춘다. 한국에서 먹던 맛에 놀랄 준비가 되어 있어야 한다. 김치도 마찬가지로 양배추로 흉내 낸 양배추김치가 아닌 한국에서 흔히들 먹던 맛 그대로였다. 한국인이 아닌 네팔인이 어떻게 이런 맛을 그대로 재현했을까 싶다가도, 네팔인의 음식 솜씨가 꽤나 좋다는 말에 감탄을 연발한다. 한국 음식이 간절할 때 제대로 찾은 맛집. 소비따네가 오래도록 기억에 남는 이유일 테다.

한 곳 더 소개하겠다. 이번에는 샌드위치집. 이곳 역시 바라나시에까지 소문이 퍼진 맛집이었다. 겉보기에는 간판 하나만이 전부를 이룬 허름한 빵집이지만 그렇다고 쉽게 생각한다면 큰 오산이다. 애피타이저로 나오는 밀크티에 크게 실망하지는 말고(어딜 가나 밀크티의 맛은 평준화가 되어 있다. 설탕 두 스푼 정도 넣어 주면 그나마 낫다.) 샌드위치가 나올 때까지 기다려야 한다. 어떤 사이즈를 주문해도, 어떤 메뉴를 주문해도 좋다. 다만 개인적으로는 치즈와 햄에 오믈렛까지 들어간 믹스 샌드위치를 선호하는 편이다. 샌드위치에 들어갈 만한 웬만한 것들은 다 들어가 있는 정석이라고 보면 되려나. 하도 맛있어서 길 건너편에 있는 숙소를 보고는 샌드위치집이 1분 거리라며 숙소 변경까지 고민할 정도였다.

8

네팔 히말라야

⋮

산은 멀리서 볼 때 더 아름답다

1. 일단 가기 전에 마음 단단히 먹고 가야 합니다. 어디 하나 쉬운 길이 없습니다. 끝이라는 단어를 상상하지 않는 게 좋습니다. 끝은 또 다른 시작을 의미합니다. 오르막길이 끝나면 더 험난한 오르막이 나오고 그것이 끝나 갈 즈음엔 돌계단이 나옵니다. 저는 아직도 그 길을 상상하면 무릎 연골이 바스러지는 소리가 들립니다.

2. 드넓은 평원을 걸으며 나무 오두막으로 된 로지를 찾아 나서는 상상을 하고 있다면 알프스로 가기를 추천합니다. 저는 아직 유럽 땅을 밟아 보지 않았기 때문에 확신할 수는 없지만 알프스에 가면 충분히 그런 풍경을 볼 수 있을 거라 믿어 의심치 않습니다. 안나푸르나 베이스캠프 가는 길이라면 모르겠지만 최소한 푼힐 가는 길에는 없습니다.

3. 누군가는 말했습니다. 자기는 내려갈 때 힘겹게 올라가는 사람을 보고 희열을 느끼며 내려갔다고. 저도 그랬습니다. 돌계단 천국인

울렐리 중턱에서 아침을 먹으면서 힘겹게 올라오는 사람들을 볼 때, 그리고 저게 트레킹 하는 사람의 복장일까 싶을 정도로 말도 안 되는 옷에 핸드백을 들고 가는 여자를 볼 때 그랬습니다. 인간 심리가 다 그렇습니다. 참으로 이기적입니다. 개구리 올챙이 적 생각 못합니다.

4. 하지만 그렇다고 해서 가는 길에 보이는 풍경을 부정할 수는 없습니다. 정말이지 노력한 만큼 보입니다. 열심히 돌계단을 오른 만큼 산은 그에 걸맞은 모습을 드러냅니다. 새벽 다섯 시 반부터 캄캄한 길을 오르도록 강요하는 만큼 그만한 보상을 내려 줍니다. 모두가 소리를 지르며 그곳으로 달려가게끔 말입니다.

5. 인생에 한 번쯤은, 아니 두 번 세 번 이상 도전해 볼 만합니다. 가
   는 길은 조금 후회할지는 몰라도 푼힐에 도착하는 순간 그간에 쌓
   아 온 부정적인 마음들은 다 사라질 겁니다. 믿어도 좋습니다. 저
   를 믿어도 좋고 히말라야를 믿어도 좋습니다.

#9

인도 푸쉬카르
:
아날로그적 단상

1. 손에 꽃이 하나 쥐어진다. 그는 호숫가로 안내한다. 푸쉬카르에 처음 도착한 여행자를 위한 환대라고 생각했다. 신발을 가지런히 벗고 종교인을 따라 호숫가 한편에 자리를 잡는다. 이마에 빨간 점을 찍고 기도문을 외우는 종교인의 모습은 꽤나 성스럽게 보인다. 바로 여기서, 적절한 순간에 끝 맞추어 인사를 건넸더라면 좋았건만, 예상대로 나는 듣지 말아야 할 단어를 듣고 말았다. 도네이트. 종교의식을 빙자한 사기수법이라는 거다. 그 순간만큼은 어떤 마음이었는지는 알 수 없지만, 속이려 했다며 화를 내고 신발까지 챙겨 도망친 데까지는 오랜 시간이 걸리지 않았다. 불운이 묻겠다는 괜한 마음에 액땜이라는 명분으로 몇 푼 쥐어 줄 법도 하겠다만, 그럼에도 도망친 건 신의 존재를 믿지 않는 무신론이 작용했을지도 모른다. 며칠 뒤 이마에 빨간 점을 찍고 다니는 서양인 여행자들 몇을 본 적이 있지만 그들 역시 표정이 좋지 않아 보였다.

2. 아침은 언제나 티베탄음식점에서 먹었다. 인도 음식에 비해 향신

료가 덜한 데다 인도 음식에는 없는 국물 요리까지 가미한 티베트 요리는 지난밤 비워진 속을 달래기 충분했다. 그중에서 뗌뚝은 한국의 수제비나 감자옹심이 같은 음식이었다. 음식점에 모인 여행자들은 뗌뚝으로 아침을 맞으며 점심 때 갈 식당을 고민했다. 옹기종기 모여 앉아 담소를 나누다 보면 금세 점심이 되기 때문이다. 저녁을 먹을 때도 마찬가지였다. 몇 시 몇 분 무슨 식당. 연락처도 주고받지 않은 여행자들이 꽤나 아날로그적인 방식으로 모이게 된 건 순전히 음식 때문이었다. 계란조차 팔지 않는 채식주의자들의 도시인 이곳이 맛집의 도시라는 거다. 정말이지 6일 동안 머물면서 고기 생각이 나지 않을 만큼. 티베트 음식과 인도 음식, 이스라엘 음식이나 햄버거, 주스 맛집들이 줄을 잇는데 아직까지도 찾지 못한 맛집이 또 줄을 이을 거다. 이렇도록 먹을 복이 넘쳐 사랑스러운 도시를 어떠한 명분으로 등질 수 있었겠는가.

3. 내가 머물던 125루피(2천 원)짜리 숙소에는 양변기가 없었다. 그렇

다 보니 무릎이 좋지 않아 쭈그려 앉지 못하는 나는 매일 아침마다, 하루를 시작하기 위해선 커다란 모험을 하나 거쳐야 했다. 주로 숙소 밖에서 썼던 화장실들을 되짚어 보곤 했는데 마침 어제 저녁에 갔던 식당이 머릿속에 떠올라 한번 가 보기로 했다. 과연 문이 열려 있을지. 열려 있다. 화장실도 다행히 열려 있었다. 혹시나 싶어서 핸드폰을 켜 보니 일전에 연결한 인터넷이 그대로 남아 새로운 소식들이 하나둘씩 뜨기 시작했다. 양변기에다 인터넷까지 될 줄이야. 한국이라면 별것도 아닌 일상이 인도에서는 더한 행복으로 다가온다. 마치 어제는 없었던 일인 것처럼.

4. 히말라야 이후로 다시는 오를 거라 생각하지 않은 산을 다시 오르게 되었다. 돌산 위에 지어진 사원이 중점이라기보다는, 올라가는 길이나 사원에서 보던 풍경이 꽤나 인상적이었다. 산 밑으로 보이는 사막, 그리고 푸쉬카르. 작은 호수를 둘러싼 작은 마을에 이렇도록 오랜 시간을 머물렀나 싶다가도 기대를 이미 뛰어넘은 음식과 마음을 녹이던 일상에 절로 고개를 끄덕이곤 했다.
"3시까지 보기로 했는데, 어디 갔다 이제 왔어?"
"3시까지 오라고 했던 거 기억 안 나?"
산을 내려오자마자 만난 첫 번째 사람에게서 들은 이야기였다.
"이건 어디서 샀대? 인도 느낌 난다."
서귀포에서 5천 원 주고 산 냉장고 바지를 두고 하는 이야기 같았다. 어리둥절한 표정으로 누구냐고 되묻자 그는 당황한 표정으로 '선재'가 아니냐며 되묻는다. 알고 보니 그는 교회에서 단체로 선교활동을 온 청소년들을 이끄는 인솔자였던 것. 그렇다 보니 나 역

시도 일행으로 생각한 거였다. 그리고 그 뒤에 서 있던 나와 같은
또래의 이들. 한국에서 숱하게 봐 온 인상착의의 이들은 내게 이질
감으로 다가왔다. 서울 시내 한복판에서 보던 옷차림과 서울 사람
들의 화장법. 어쩌면 스물을 갓 넘긴, 혼자 인도를 여행한다는 나
또한 이들에겐 이질감으로 다가오진 않았을까.

5. 전형적인 보수적 인간상. 티베탄 식당에서 만난 초등학교 6학년
   아들을 '데리고' 온 그에 대한 인상이다. 직업이나 이름, 결혼 여부
   를 서슴없이 묻는 막가파식 화법에 놀랄 수밖에 없었는데, 아무래
   도 사람과의 관계에 있어서 갑의 위치에 많이 있던 사람은 아니었
   을까. 그런 그에게 인도의 물가나 돈 몇 푼은 얼마나 하찮게 여겨
   질지. 음식을 여러 개 시켜 놓고는 별로라고 생각되면 까짓것 몇

개 버린다는 마인드에 경악함을 물론 초등학생 아들을 지나치게 통제하는 모습 또한 그리 좋은 인상으로 다가오진 않았는데, 무언 갈 하려고 해도 안 된다는 말을 들었을 테니 아이가 기가 죽어 땅만 보고 있는 게 눈앞에 선했다. 아무리 생각해도 저건 아닌데.

생각의 차이라고 치자. 하지만 불편함을 떨쳐 낼 수 없는, 그런 만남이었다.

오늘이 한 해의 마지막 날임을 핸드폰 달력을 통해 인지한다. 핸드폰만큼 정직하고 깔끔한 건 없다. 한국시간과 인도시간을 동시에 띄워 주다 보니, 한국에 있을 사람들이 지금쯤 무엇을 하고 있을지 어느 정도 감이 잡힌다. 사실 세 시간 반밖에 차이 나지 않는 덕분에 큰 차이는 없지만, 새벽감성에 물든 동기들의 함성을 밤 11시에라도 들을 수 있어 기분은 좋다.

12월인 건 알고 있었다. 하지만 31일이라는 사실은 꿈에도 알지 못했다. 여행이 지속될수록 날짜에 대한 감각이 둔해진다. 오늘이 그 날이고 저 날이 이 날이며 여행자로서 보낼 수많은 날들 중 하루다. 한숨으로 시작해서 초연함으로 끝낼 월요일도 없으며, 다음 날에 쉴 생각으로 한껏 들뜬 금요일도 없다. 굳이 날짜를 센다면 여행지별로 한 뭉텅이씩 세는 게 전부였다. 오늘을 어떻게 하면 의미 있게 보낼 수 있을까에 초점이 맞춰진 나에겐 29일이고, 31일이고 하는 건 단지 숫자 조각들에 불과했다.

연말 같지 않은 이유에 대해 한 가지 덧붙이자면, 바로 분위기 때문이었다. 한국이었으면 온갖 트리장식에, 캐럴에, 방송 3사가 앞다투어 내보낼 연예대상, 연기대상, 가요대전으로 난리 통을 이루었을 게

다. 하지만 지금의 나는 후텁지근한 날씨에 반팔을 입고 있으며 인터넷이 워낙에 느린 탓에 네이버에 들어갈 일도 없었다. 이를테면 '국민의당이 창당된다'와 같은 뉴스도 오랜 시간이 흐른 뒤에야 알게 될 정도였는데, 현실 세계와 멀어져 가는 건 이미 예정된 일이었다.

인도 시각으로 오후 8시 반, 조용하던 채팅방이 시끌시끌해진다. 때가 온 거다. 남들이 스무 살이 되어 하늘을 날 때 나 혼자 열아홉일 유일한 순간. 한 친구는 이제 '민짜'가 풀렸다며 환호성을 질렀고, 다른 한 녀석은 12시가 되자마자 편의점을 들러 담배를 한 갑 사 왔다며 떠들어 대고 있었다. 스무 살. 친구 타임라인에 올라올 소주병에 익숙해져야 한다. 사진 속 테이블 한편을 소주병이 가득 메워도, '월 공강이냐 금 공강이냐' 하는 주제로 논쟁을 펼쳐도, 오티나 엠티와 같은 대학에 관한 이야기가 나와도 아무렇지 않아야 한다는 거다.

대학교에 진학하지 않은 대신 여행과 글 쓰는 일을 선택한 만큼, 가지 않은 길로부터 오는 손실은 모두 나의 몫이다. 자신만의 길을 가는 만큼, 또래와의 공감대는 얻지 못할 것이다. 하고 싶은 일을 한다는 게 이렇게도 막연한 일이었는지. 처음 가진 열정은 색이 바랜 채 책임감만 도드라지고, 시간이 흐르면 이상은 죽어 없어지고 현실만이 남지 않을까…….

푸쉬카르의 새해는 그 어느 때보다 소박하고, 조용했다. 그 누구도 카운트다운을 외치거나 환호성을 지르지 않았다. 까만 하늘 위로 쏘아진 작은 폭죽만이 하늘을 메웠다. 그게 전부였다. 그 이상도, 그 이하도 없었다. 조촐했던 새해의식은 같은 숙소였던 한 여행자와 간단한 인사를 나누는 걸로 끝을 맺었다. 여느 때와 같이 침대 위를 뒤척이다 잠에 들었고, 여느 때와 같이 늦잠으로 아침을 맞았다.

#10

인도 우다이푸르

:

이상주의와 괴리감

이상적인 삶을 살고 있다. 아무런 생산 없이 소비활동만 이어 나가고 있으며 길거리 주변 5m 이내의 사람들은 나의 소비를 독려하기 위해 시선을 환기시키는 등 필사의 노력을 가하고 있다는 게. 아직까지는 누구도 생산활동을 강요하거나, 무언가의 도구로 편입시키려 하지 않는다. 다만 그럼에도 그런 이상적인 삶을 지속해선 안 된다고 여긴 건 좀 더 이상적인 삶을 추구하기 위함은 아닐까. 이를테면 언어의 장벽에 가로막혀 깊은 대화로 이어지지 못한 채 여행일정만 묻다 헤어지는 수박 겉핥기와 같은 만남과 관계를 영위해선 안 되는 것처럼. 여행만이 전부는 아니며 해야 할 일도, 공부하고 싶은 것도 넘쳐 난다.

대학교에 진학하지 않았다고 하여 여행만으로 연명하진 않을 거다. 그 누구보다 더 바쁘게 사는 삶. 아직까지는 제도나 국가가 나서서 '이것을 하라'며 강요하지는 않으니 할 수 있을 때 열심히 해 보려고 한다. 아르바이트, 어학공부, 책 출간과 같은 진정으로 내가 하고 싶은 일들을. 그 일들을 이뤄 낸다면 후에 사회에 나가도 좀 더 떳떳해지지 않을까.

그래서 하는 이야기인데, 어제 잠깐 이야기를 나누었던, 제 꿈과 가치관을 듣고는 보기 좋게 내려찍어 버리던 꼰대 양반한테 한마디 좀 해야겠습니다.

사람에게 있어서 특색 참 중요합니다. 특히 여행 작가가 되겠다고 한 아이에게 자신만의 캐릭터는 더할 나위 없이 중요합니다. 알고 있습니다. 또한 나이가 나이인지라 아직 열여덟 해마저 채우지 못했기 때문에 경험 또한 부족하다는 것도 잘 알고 있습니다. 저보다 곱절이라는 나이를 더 드셨으니 저 같은 부류야 대수롭지 않게 보이시겠지요. 하지만 그렇다고 해서 여행 다닌 걸로 따지면 자기 아이들이 더 많은 경험을 하지 않았겠느냐며 대놓고 말씀하시는 건 좀 아니라는 생각이 듭니다.

그 분과의 짧지는 않으나 길지도 않은 시간 동안 대화라고 말하고 싶지 않은 대화를 나누면서 내린 결론은 돈이 많아야 한다는 겁니다. 갓 태어나서 이제 기억의 연결선이 시작될까 말까 한데 이미 비행기 두세 번 정도는 타 줘야 되고 초등학교 일기장에 '해외 여행 다녀왔다', '참 재미있었다'라는 말 한 줄 정도는 꼭 넣어 줘야 한다는 겁니다. 그래야지 담임교사가 참 잘했다며 도장 하나 찍어 주지 않겠습니까. 풍부한 경험을 했다고, 부모 잘 만난 덕에 같이 이것저것 내 힘 안 들이고 다 해낼 수 있었다고 마치 자기가 중심이 되어 해냈다는 양 떠들어 대는 겁니다. 어떻습니까. 의미 있는 삶이라고 말해도 충분하지 않습니까? 인생은 이렇게 사는 겁니다. 다이아 눈으로 다이아만 바라보며 티타늄 눈으론 티타늄만 바라보며 열심히 살라는 겁니다. 그럼 당신은 성공한 인생을 살 수 있습니다. 같은 레인 위에서 경쟁을 벌여도 제트기 위에 '앉아' 벌이게 될 테니까요.

#11

인도 아마다바드

:

관광도시 속에서 나는 로컬을 갈망하였다

야간버스를 타고 아마다바드에 도착했다. 현재 시각 4시 반, 이른 시각임에도 이미 장사진을 이룬 릭샤 왈라에게 나는 양적으로나 질적으로나 탁월한 타깃이 분명하다. 고아로 가는 기차표를 끊기 위해 기차역으로 가야 하는 나에게도 이들은 절실했다.

기차역까지 50루피에 가기로 했다. 처음에 부른 값에 비하면 절반에 해당하는 금액이었다. 바이야! 뺍띠! 기존에 불렀던 40루피는 아니었지만, 사실 200원도 채 안 되는 금액 차이였지만. 뭐랄까, 일종의 자존심 싸움과도 같았다. 바가지를 씌우기 위해 혈안이 되어 있는 릭샤 왈라와 이에 쉽게 넘어가지 않을, 호락호락하지 않은 여행자임을 증명하려는 이의 대립. 인도의 현실적인 물가를 알고 있다면 바가지 요금을 그리 어렵지 않게 간파할 수 있다. 하지만 그럼에도 비싼 가격에 가려 한다면 그들을 '가난한 나라의 장사꾼'이라는 프레임에 가두어 동정심을 느끼는 것으로, 외려 그들의 자존심을 깎아내리는 행위일 수도 있겠다.

여느 기차역이 그렇듯 현지인들은 바닥에 모포와 이불을 깔고 커다란 짐과 가방을 두어 일종의 주거공간을 만든다. 그렇게 40여 가구가 넘는 이들이 모여 작은 군락을 하나 형성하는데 이곳에 모인 이들 모두가 티켓을 끊고 기차를 타기 위해 모인 이들이라면 인도라는 나라엔 얼마나 많은 인구가 밀집해 있으며, 유동인구 또한 어느 정도 되는지 쉬이 짐작이 갈 것이다. 한국의 명절이 매일같이 이어질 것임을, 크지도 작지도 않은 도시의 허름한 기차역이 이를 말해 주고 있었다.

5시 반, 공공기관이 직접 나서 그네들의 기상을 독려한다. 이를테면 티켓 창구가 문을 연다든가, 아니면 일시적인 작은 군락을 현 시간부로 해체해야 한다는 규정이 있다든가. 그런 모습이 꽤나 우악스러우면서도 인간적이다. 인도인들은 마치 예견이라도 했다는 듯 일어나지 않고 있고, 새로 들어온 나는 눈치만 살살 보고 있다. 기차역을 나가라고 하진 않을 것 같으니 한편으로 가 글이라도 쓰도록 하자. 동이 터 오르려면, 긴 새벽을 보내기 위해선 이만한 방법이 또 없으리라.

짜이 한 잔으로 몸을 녹인다. 동이 터 오르자 어둠에 가려졌던 시내가 하나둘씩 눈에 들어오기 시작한다. 수십 마리의 까마귀 떼가 하늘 위를 비행하고 있었으며, 이른 아침임에도 불구하고 도로를 가득 메운 차들의 클랙슨 소리로 난잡함은 시간이 지날수록 더해 갔다. 우다이푸르가 유럽 물 살짝 먹은 이상적인 공간이었다면, 아마다바드는 완연한 인도였다. 그러던 와중에 들른 외국인 티켓 창구에선 여전히 고아로 향하는 SL칸(인도 기차에서 제일 저렴한 침대칸으로 여행자들이 많이 이용한다.) 티켓은 없다고 했다. 그렇다면 우선 제너럴칸(인도 기차에서 가장 낮은 등급의 비지정 좌석 객실로 대부분 현지인들이 이용한다.) 티켓을 끊은 다음

차장에게 웃돈을 줌으로써 SL칸에 잔류하는 방법은 어떨까. 어차피 자리는 한두 자리 정도 남아 있을 테니. 일종의 모험과도 같다. 이마저도 여의치 않다면 속절없이 제너럴칸으로 가야 하는 위험한 모험. 하릴없이 거리를 걷는다. 여행자가 없는 거리를 사진으로 남기고 싶다기보다는, 아침을 먹고 싶다는 욕구가 더 컸던 거 같다. 인터넷이 없어도 되는 지도를 켜곤 대략적인 시내의 중심과 그럴듯한 명소를 찾는다. 한 도시에서 봐야 할 진면모는 놓칠지 몰라도 꽤나 일상적인 모습은 담을 수 있으리라. 이를테면 향신료 가득 뿌려진 수박 한 조각을 먹는다든가, 아니면 길거리 포장마차에서 파는 푸리(인도인들의 주된 아침식사인 인도의 공갈빵)를 먹는다든가. 아마다바드에 머무는 시간만큼은 현지인들의 사소한 일상에 동화되는 거다. 수박에 향신료를 뿌린다고 해서 거부반응을 일으킬 게 아니라, 현지인들은 어떤 음식을 먹으며 어떤 맛을 느낄까 하며 호기심을 자극시키는 거다. 푸리를 먹을 때도 마찬가지였다. 아침을 맞은 이들이 길거리에 앉아 푸리를 먹을 때 나 또한 마찬가지로 자리를 잡고 앉는 것이다. 여행자 하나 없는 도시에서 웬 생뚱맞은 한국인이 자기들과 똑같이 앉아 자기네들이 먹는 걸 그대로 먹고 있으니, 관심이 쏠리지 않을 수가 없는 것이다. 친화력이 워낙에 좋은 인도인 앞에 카메라까지 든 여행자는 화제의 중심이 된다. 콜카타의 하우라 철교 밑 꽃시장이 그렇고 지금의 아마다바드가 그렇다. 인도에서는 카메라만 있으면 세간의 주목을 받을 수 있음이.

세간의 중심이 된 순회공연은 짜이집 네 곳을 마저 돌고 나서야 겨우 마무리를 지을 수 있었다. 현지인들과 그렇게 많은 대화를 나눈 건 아니었다. 해 봤자 국적을 묻거나 나이, 여행 중임을 말하는 등 형식

적인 대화가 주를 이루었다. 그럼에도 페이스북 친구신청을 하거나 오래도록 봐 왔던 사람처럼 편하게 다가왔던 건 단순히 희소가치 있는 외국인이라는 호기심보다는, 인간과 인간 사이의 따뜻한 정이라고 믿고 싶다. 나 또한 마찬가지로 '카메라를 든 외국인'이라는 당연한 프레임에서 벗어날 수 있기를.

빈자리를 전전하며 SL칸에 머물기를 한 시간.
차장은 여전히 자리가 없다는 말로 매정하게 내몰았다.

이전 여행지에서 만난 여행자는 제너럴칸을 두고 시선강간이라는 표현을 사용했다. 평범한 거리를 걸어도 시선이 한 몸에 쏠리는데 하물며 좁은 공간에 욱여져 오랜 시간 가야 할 기차에서 이들의 야성이 더하면 더했지 덜하지는 않을 거라는 거다.
제너럴칸과 SL칸은 철저하게 분리되어 있어 칸을 이동하기 위해선 다음 기차역에 내려야 했다. 자본을 잣대로 객실의 계급이 나눠짐과 동시에 객실에 탄 사람 또한 신분이 나눠지는데, 아직까지도 신분차별이 남아 있는 인도의 특성일 수도 있겠다.
예상대로 출입문 앞을 가득 메운 사람들. 타려는 몸짓을 보이자 겨드랑이를 찌르거나 몸을 통째로 끌어 내리기 시작하는데, 좌석 모두가 입석으로 되어 있어 빨리 자리를 잡지 않으면 꼼짝없이 서서 가야 하는 객실의 특성상 꽤나 당연한 양상이라고 생각했다. 인크레더블 인도가 괜히 인크레더블이겠나. 앉을 자리는커녕 차마 서 있을 자리조차 없는 곳이었지만, 세 시간 정도 지나고 큰 도시를 지나자 하나둘씩 자리가 나기 시작했다. 한 인도인이 내게 자리를 내준다. 본인이

충분히 앉을 수 있음에도 내게 자리를 내준 건 고아라는 도시까지 하룻밤을 꼬박 새야 하는 나를 위한 배려라고 믿기로 했다.

1. 생각해 보니 나는 영어로, 앞좌석에 앉은 노인은 힌디어로 대화를 나누고 있었다. 그럼에도 불구하고 대화가 잘 통했던 건 과연 어떤 이유인 건지. 이 안에는 언어를 초월한 인간애가 담겨 있다. 서로 다른 언어를 사용함에도 불구하고 그것을 인지하기까지 오랜 시간이 걸릴 정도로. 주어진 환경 속에서 똑같이 힘겹게 이겨 내는 이들이라면 충분히 가능하리라. 나는 앞에 앉은 노인에게 의지하고 있었다. 노인으로부터 야성 넘치는 객실에서 보호받고 있는 듯한 느낌을 받았다. 화장실을 갈 때마다 서로의 자리를 지켜 준 것도 하나의 예시일 수 있겠다.

2. 영어를 못하는 인도인이 의외로 많음을 깨닫는다. 이로써 결론이 났다. 내가 만난 영어 잘하는 인도인들은 극히 일부에 불과했다는 거다. 여행지 주변을 함께한 인도인은 본래 인도가 가진 모습의 전부는 아니었음을. 인도에 대해 어느 정도 알고 있다고 생각했다. 하지만 이는 극히 일부에 불과해 인도라는 나라를 쉽게 본 나의 오만함이 드러났다. 하지만 그와 반대로, 제너럴칸의 야성을 진짜 모습이라 생각하며, 여행지에서 만나는 수려한 말재간의 이들을 거짓된 모습으로 생각하는 것 또한 인도에 대한 오만함일 수도 있겠다.

3. 저녁 무렵, 기차가 뭄바이 시내를 지나자 느린 속도로 달리기 시작한다. 그때, 자신의 집에 가까워졌는지 하나둘씩 뛰어내리기 시작하는 사람들. 아무리 느리게 달리더라도 저렇게 뛰어내리면 위험하지 않나 싶다가도 여긴 인도라는 사실을 되뇌니 고개가 절로 끄덕여진다. 맞다. 여긴 인도였다. 상식 바깥의 일을 보고도 '그럴 수 있어' 하는 마음가짐으로 세상을 바라봐야 하는 나라. 정말이지 인도라는 나라의 매력은 끝도 없구나.

4. 좁은 환경을 활용하는 사람들. 바닥에 드러눕거나 마주 앉은 두 사람이 서로 합의를 본 후 다리를 뻗거나 선반 위에 올라앉거나 눕고 선풍기에 발을 뻗는 등 어떻게든 편한 자세를 찾는 모습이 인상적이다. 그럼에도 선반이 무너질 것을 우려하거나 이를 이상하게 생각하지 않으며 지극히 당연한 풍경처럼 느껴지는 건 도대체 어떤 이유인 건지. 나 또한 마찬가지로 편한 자세를 위해 가방을 끌

어안고 잠을 청했다. 하나뿐인 가방을 사수하기 위함보다는 끌어 안을 만한 무언가가 필요했다. 한두 시간에 한 번 중간역에 정차할 때마다 새벽을 깨는 장사꾼들에 눈을 떠야 했지만, 그래도 이만한 방법이 없으리라.

동은 터 올라 아침을 맞는다. 그리고 고아에는 예정 시각보다 30분 정도 늦은 8시가 지나서야 도착한다. 북인도와는 다른, 남인도만의 습한 공기가 올라온다. 바다 내음 또한 느껴진다면 고아라는 바닷가 도시에 왔음을 말해 주는 거겠지. 시내가 나올 때까지 걸음을 재촉한 다. 그때 누군가 자신의 차를 타라고 한다면, 고아라는 새로운 도시 에서의 인연이 시작된 거겠지.

#12

인도 고아

⋮

고아의 도시

여행지에서 보게 되는 몇 안 되는 인도인이 꼬리아 꼬리아 하면서 킬
킬대는 데에는 서양 제국주의 세력에 의한 지배로 생겨난 울화를 식
민 지배를 당한 같은 아시아인에게 소소한 괴롭힘을 안겨 줌으로써
만족감을 얻는 보복심리가 내재되어 있는지도 모릅니다. 또한 이들
이 여태까지 서양인에게 이와 같은 행동을 하지 않는 데에는 19~20
세기 초 조선에 퍼졌던 이론(그러니까 조선은 대륙인 청나라와 해양인 일본 사
이에 껴 있으니까 가만히 있어야 한다는 '반도적 숙명론')에 버금가는 더 큰 무언

가가 몇 세기가 흐른 지금까지도 그들 머릿속에 박혀 있어서인지도 모릅니다.

'탈무굴'을 외치는 남부 아시아의 많은 젊은이들이 새로운 꿈을 안고 설레는 마음으로 향하는 나라가 바로 한국이라는 사실을 그들은 과연 알고 있을지, 그리고 서양인과 서양문화에 대한 사대주의가 그들 머릿속을 휘어잡고 있는지에 관해서도 제 알 바 아니지만 확실한 건 그들 개개인의 문제라는 것입니다.

일부분만을 보고 그것을 전체라고 판단하지 말라는 말이 있습니다. 우리에게 인도는, 그리고 당신에게 인도는 어떤 곳이었는지 알 수 없지만, 개념을 어디 커리에다 짜파티 하나 추가해서 밥 말아 먹은 양아치들만 가득한 나라였다라는 말을 남긴 채 한국행 비행기를 타는 일은 없었으면 좋겠습니다.

이따금 바다에 나가 물놀이를 하고 숙소에 들어와 8도짜리 맥주를 마셨다. 그러다 취기가 가신다 싶으면, 때마침 해 질 녘이 되면 다시 바다에 나가 해넘이를 보거나 어망을 끌고 온 인도인들을 구경하곤

했다. 고아의 도시에서 맞는 주요 일과이자 하루의 전부였다.

반세기 전 유러피언 히피들의 성지답게 나이 지긋한 백발의, 하지만 마음만은 청춘인 이들의 성지인 고아는 이미 오래전부터 주 고객층이 유러피언인 데다 옛 추억에 잠긴 이들이 쓰고 갈 돈 또한 어마어마할 테니 짠돌이 동양인 여행자들이 성에 찰 리가 있나. 자신들의 처지나 위치 따위는 생각지도 못한 채, 허황되게 안목만 높아져 간다. 관광도시 고아가 이들을 베려 놨음이 분명하다.

돌이켜 보면 모든 인류를 평등하게 생각하지 않는, 국가를 잣대로 선진국과 개발도상국으로 나누어 차별을 두는 아둔한 생각일 수도 있다. 하지만 당시의 짜증 섞인 분노는 이를 완벽하게 기만해 이상적으로 생각해야 할 가치관도 반(反)하게 만들었다. 국가를 잣대로 일삼는 차별이 우선시되는 문제인가, 아니면 몇 인도인의 기만으로 이를 정당화해도 되는 문제인가. 어쩌면 암탉이 먼저인가, 달걀이 먼저인가 하는 허무맹랑한 싸움일 수도 있다.

#13

인도 함피

⋮

그래서 그런 거였구나

1. 단지 무엇인가에서 비롯된 궁금증 어린 눈빛이 그들에게는 관심
의 표현으로 생각되는 모양이다. 자유롭게 쳐다볼 기회를 주지 않
기 위해 찰나의 스캔이 지나면 곧장 시선을 회피한다. 이를테면 장
사꾼, 음식팔이, 지도팔이, 히즈라(인도에서 남성도 여성도 아닌 중성적인
성 정체성을 가진 사람들. 과거에는 힌두신의 인격체로 추앙받았으나, 현재는 매춘
과 구걸로 생계를 이어 나가고 있다.)로부터 말이다. 우리가 시선의 자유
로움을 보장받을 권리를 잃어버린 건 인도만의 문화 때문일 것이
다. 머리를 만지는 행위가 예의에 어긋나는지라 성감대인 귀를 만
졌던 인도 남자도, 한국에서 2초 이상 시선의 마주침은 결투를 신
청하겠다는 의미임에도. 인도인들의 시선은 일제히 나를 향해 쏠
리고 있다.

인도인의 마인드도 마찬가지다. "헬로 마이 프렌드?" 하며 서슴없
이 다가오는 이들의 모습에 한국인 여행자들은 당황해한다. 우선
적으로 친구의 정의부터 다르지 않은가. 나이가 같으며 동등한 관
계, 위치에 마주한 사람을 보통 친구라고 표현하는데, 인도에서의

친구의 정의는 너무 광범위하지 않은가. 나이를 막론하고 단지 동등한 관계. 하지만 이마저도 동등한 관계라고 생각하지 않는다. 물론 다수가 아닌 지극히 일부의 이야기지만, 외국인과의 친구관계를 소소한 자랑거리로 이용해 프로필 사진을 바꾸고 동네방네 떠들어 댐으로써 스스로가 을의 자리를 자청한다. 을은 먼저 인사를 외치고, 먼저 머리를 조아린다. 상대방은 그런 을의 행동에 지쳐 자연스레 마음을 거두고 만다.

인도인과의 친구 맺기가 그리 매끄럽지 못했던 이유를 이제야 깨닫는다. 나는 단지 '사람'을 만나고 싶었을 뿐인데, 이들은 '신기한 외국인'을 만나고 싶었던 거구나. 인도를 떠나는 날까지도 '신기한 외국인'이라는 프레임에서 벗어나지 못한 게, 그저 우울할 뿐이다.

2. 새벽, 정월의 어느 밤. 개구리 울음소리. 여름에만 맡을 수 있는 풀 내음. 오월의 포천과도 같은 곳이다. 여름날에 찾아오는 밤은 더위로 지친 우리를 위로하는 역할을 한다. 설렌다. 어떠한 이유 때문이라는, 정확한 요점을 짚을 수는 없지만 이유 없이 설레기 시작한다. 진실되게 좋아했던 그녀가 옆에서 "야, 너는 맨날 글만 쓰냐"면서 구박을 한다면 더할 나위 없이 좋을 하루다.

3. 아무 생각 없이, 좀 더 아무 감정 없이 격렬하게 가만히 있고픈 날들이 이어지고 있다. 호스펫역에 가서 티켓을 발권했다와 같은 큰 일을 하고 온 나는 그 누구보다 더 가만히 있을 자격이 충분하다. 저녁에 헤마쿠다힐만 조용히 갔다 오는 걸로 하루를 마무리하려 한다.
문득 바라나시에서 들었던 어느 한 말이 떠오른다.
"어유, 바라나시역이면 먼 길 갔다 오셨네."

4. 여행이라고 해서 모두 순기능을 가지고 있는 건 아니었구나. 초등학생 아들 둘과 함께 온 한 어머니를 보며 느낀 상념이었다. 어머니의 센 기와 부정적인 단어 가득한 언변에 아이들은 풀이 죽을 대로 죽어 함께 여행한다기보다는 통제에 이끌려 가는 듯한 인상이었다. 기가 죽어서 그 누구보다 한국에 돌아가 또래들과 놀고 싶어하는 아이들의 눈빛이 선하다. 나 같은 경우에는 어렸을 때부터 홀로 자랐던 탓에 여행만이 유일한 돌파구였지만, 저 아이들의 경우에는 충분히 다르지 않겠는가.
시간이 흘러갈수록, 어른에 가까워져 갈수록 이미 다 자란 어른들의 실수나 허점을 목격하게 된다. 그렇게 발견한 허점들이 못내 안타까워 얘기를 해야 할까 싶다가도 어른이라는 이유로, 나보다 손윗사람이라는 이유로 짚고 갈 수 없음에 또다시 안타까워한다. 그렇게 우리들의 묵인에, 누군가는 자신의 잘못을 눈치채지 못한 채로 살아가고, 또 다른 누군가는 그에 따른 피해가 고스란히 업보가 되어 오랜 시간 등에 지고 살아간다. '사회'라는 폐부에 그러한 악순환은 종양이 되어 자리를 넓혀 나간다. 실로 안타까운 일들의 연속이다.

#14
인도, 마무리

인도라는 나라가 워낙에 심오한 곳인지라 때론 미치도록 좋아졌다
가도 때론 미치도록 싫어지는, 떼쓰며 한바탕 난리를 치다가도 이내
초롱초롱하고 맑은 눈망울로 우리를 쳐다보는 어린아이, 끝없는 밀
당에도 그저 좋기만 한 그녀와도 같은 곳입니다.

저는 인도에 대해 이렇게 정의 내리고 싶습니다. 그녀, 어린아이.

이야기

둘

스무 살은 무거운 나이다

15

스무 살이 되었다

스무 살의 시작은 회피의 연속이었다. 졸업장을 받은 후 삼 주가량 집을 비우고 돌아오니 어느새 새 학기가 되어 주변 이들로 하여금 분주하게 만들었다. 동생은 여전히 드림랜드를 지척에 둔 미아동의 자취방에서 학교를 오갔고, 친구1은 본래의 성적이 나오지 않아 반수를 하겠다면서도 꿋꿋이 같은 동네에 있던, 덕분에 고등학교의 연장선이나 다름없었던 D대학을 오갔다. 새 학기, 새내기. 오리엔테이션. 동갑의 SNS에 올라온 소주병의 향연은 제법 익숙해졌다. 나 또한 막걸리병을 부여잡고 함덕 바닷길을 걸어 다니지 않았던가. 우리는 더 이상 미성년자도, 고등학생도 아니다. 정확하게는 아니게 된 거지만. 음주나 흡연에 관해서도 개방적이고, 관대해졌다. 술을 마신다는 건 더 이상 숨길 일이 아닌, 지극히 당연한 일과가 되어 버렸다. 성년이 되면 으레 해야 하는 것. 그래서 그런지 대학교에서 술을 그렇게 많이 마시나 보다. 이 또한 성년으로 진화하는, 일종의 성인식 같은 거라고.

삼월 한 달은 열아홉의 연장선이나 다름없었다. 주변 이들과는 간간이 대학이나 여행 따위와 같은 이야기들로 연락을 주고받았지만, 대부분 집에 칩거해 밖으로 나오지 않기에 온 힘을 쏟았다. 그렇다면 나의 성인식은 어떻게 해야 하나. 대학 진학에 버금가는 각인을 줄 만한 사건이라면… 그렇게 여러 날이 지난 후, 문자가 한 통 날아온다.

병무청에서 신체검사 받으러 오란다. 이번 생의 성인식은 병무청에서 이루게 되었다. 도봉산 자락의 바로 끝에 자리해 멀리 의정부 시내가 어렴풋이 보이던, 낯설고도 차가우며 오는 이들로 하여금 어둠이 내려앉게 하는 공간. 노랗고 주황색 섞인 괴기스러운 체육복을 입은 몇백 명의 이들은 본인의 성인식 날이 오늘일지도 모른다는 걸 알고 있을까. 차라리 모른다 함이 나을 수도 있겠다. 성인은, 최대한 되지 않는 게 좋다는 걸. 그땐 퍽 알지 못 할 테니 말이다.

목포에서 서울로 가는 버스가 불현듯 떠오른다. 삼 주간의 비움을 끝마치고, 동생이 다시 학교에 가고 얼마 지나지 않았을 때였다. 스무 살이라는 나이에 맞는 생을 살아야 한다는 책임감에 양어깨가 무거워져 서울이 가까워지지지 않기를 바랐다. 일상으로 돌아갈 나에게 주어질 선택지가 많음에 감사하면서도, 때로는 선택지가 정해져 하라는 일만 해도 되었던 지난날을 잠시나마 생각했다. 여행, 책 출간, 어학공부. 대학교 진학을 하지 않은 나에게 주어진 유일한 대안. 더 이상 회피 없는 나의 삶을 살자. 한국 사회에서 대학을 가지 않은 사람도, 충분히 그럴듯하게 살 수 있다고.

#16
동탄 홀리데이

건설 현장에서 일을 하기로 했다. 벚꽃이 한창 흩날릴 무렵이었다. 건설 현장이라. 말이 좋아 현장이고 엔지니어링이지 도대체 노가다 판과 무엇이 다르단 말인가. 보기만 해도 허리가 으스러질 듯한 자재와 땀 냄새 풀풀 나는, 서로의 성깔이 얼마나 더 좋지 않은가를 두고 경쟁이 불붙을 아재들로 북적일 게 뻔하다.

오전 7시까지 동탄의 한 사무실로 가야 한다는 말은 14시까지 논산 육군훈련소 연병장으로 모이라는 말같이 등골을 오싹하게 만들었다. 어쩌면 '나 군대 간다'와 비슷한 맥락은 아니었을까. 나 노가다 뛰러 간다. 나의 이런 말에 주변 이들은 의문을 던지더니 이내 내기로 변질해 코웃음 치기에 바빴다. 한 달 안에 때려치우고 나온다에 장을 지지겠다거나, 원래 쟤는 애당초 몸 쓰는 일을 할 만한 체력과 인성을 갖춘 사람이 아니라든가. 그래 나도 안다. 역마살 가득 낀 데다 꼼수만 부릴 줄 알던 내가 어디 노가다를 할 인물이란 말인가. 나도 나에게 확신이 서지 못한다. 하지만 양어깨에 내려앉은 무게를 덜어 내려면, 그 전에 가고자 했던 여행을 떠나기 위해선 현장 일은 필연적이다. 짧으면 석 달, 길면 네 달이다. 인고의 시간을 버텨도 좋다. 하고자 하는 일을 위해서라면. 여태껏 한 번도 경험하지 못했던 일이라도 말이다.

일을 시작하고 나서는 잠시 시간을 내어 공모전에 작품을 제출한다거나, 강남의 교보문고로 가 책을 읽고 오기도 했다. 서점이라는 특수한 공간, 연일 출간되는 여행 작가의 신작. 이따금씩 글이 써지지 않을 때마다 갖는 나만의 휴식이자 아이디어나 영감을 받는 공급원이었다. 그러다 늦은 시각이 되면 거처가 있는 오피스텔의 엘리베이터 앞에 멈춰 서는데, 밤 10시가 되면 이미 곯아떨어진 작업반장의 코골이와 이를 깨지 않기 위한 조심스러운 움직임은 나로 하여금 숨막히게 만들었다. 마땅히 나를 뉘일 만한 공간은 없다는 것. 벽에 맞닿은 이부자리와 작은 가방도 작업반장의 공간을 위해 최대한 거리를 둔 결과물이었다는 것. 그렇게 다시 아침이 밝으면 글을 쓰고 서점에 가던 나는, 없다.

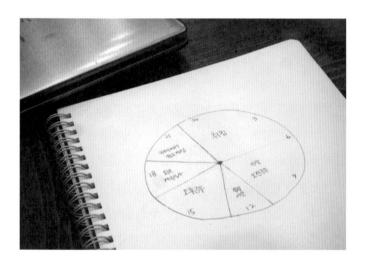

1. 비단 남의 이야기가 아니라는 사실에 가슴이 철렁 내려앉는다. 나에게도 충분히 일어날 수 있는 일이기 때문이다. 그래서 그런지 이번 사건은 받아들이기 참 먹먹하다. 같은 나이로서, 그리고 같은 노동자로서. 이 친구라고 해서 꿈이 없었겠나, 아니면 목표가 없었겠나. 단지 서로 다른 곳에서 일을 했다는 이유로. 이 친구는 유명을 달리했고, 나는 이곳에 남아 글을 쓰고 있다. 다시는 반복되어서는 안 될 슬픈 현실이다. - 구의역 사고, 2016.05.28

2. 반복된 삶은 극심한 무기력과 피로를 안겨 준다. 삶의 낙을 사라지게 만든다.

3. 그저 나는 대화로 오해를 풀기 위함이었다. 그러나 이는 말대꾸가 되어 상대에게 돌아갔고, 답신으로 쌍욕을 먹었다. 나도 안다. 그들만의 삶과 경험으로 주관이 깊어져 버린 기성세대에게 신세대는 역설이라는 것. 기성세대는 자신들의 언행과 판단이 모두 옳다고 말한다. 속으로는 신세대의 말을 납득하면서도, 이내 궤변으로 치부해 자기 계층의 견고함을 과시한다. 자신들이 겪어 왔던 삶과 경험을 본인의 절반도 살지 못한 이에게 부정당하기 싫으니까. 생각해 보면 그렇지 않았나, 태극기 집회에 나온 노인들이 추위를 불사하고 시청광장으로 나왔던 가장 큰 이유가 산업화의 역군이었던 자신들의 역사가 부정당하는 것 같아서였다고. 시대적으로는 조금 앞선 이야기지만 말이다. 하지만 그럼에도 내가 내 목소리를 내었던 건, 사회생활 따위 겪지 않은 초년생으로 빙자해 맞서기 위함이었다는 걸 그들은 알고 있었을까.

4. 자라나는 수염만큼이나 모공은 더 커지고 뚜렷해졌다. 딱히 어른이 되었다기보다는, 어른을 따라 하려 애쓰는 아류에 지나지 않는다. 알맹이는 아직 그대로면서 껍데기만 변하려고 한다. 늙어 간다. 겉만 늙어 간다. 똘망하던 눈빛은 색이 바래고 흐려져 새로움에 대한 기대나 미래에 대한 설렘이 제거된, 살기만이 남았다. 그렇게 나는 어른 속 아이로 남아 괴리감에 어쩔 줄 몰라 할 것이다. 한동안은, 그리고 어쩌면 영원히.

5. 실로 오랜만에 하늘을 보았다. 퇴근할 무렵 해 져 가는 하늘을 올려다보니 비행기가 하나 지나간다. 낮게 나는 것을 보니 영락없는 제주행 비행기일 게다. 제주도, 무릇 사람들로 하여금 꿈과 희망, 기대감을 비롯한 모든 것들을 담아 한편에 날려 보내게 하는 이상적인 공간. 저 비행기 안에 내가 있어야 했다. 땀에 전 조끼를 입고 하늘만을 올려다볼 게 아니라, 창문을 통해 동탄을 비롯한 수원과 분당 일대를 삭막한 눈빛으로 보고 있어야 했다. 이제 나는 떠난다고. 눈가에 눈물이 핑 하고 돌기 시작한다.

6. 비정상 안에서 정상인으로 잘 버텨 내며 그 안의 공기를 폐부 깊숙이 들이마셔 자기화하는 데 성공한 사람을 '사회생활 잘하는 사람'이라고 정의한다. -《버티는 삶에 관하여》, 허지웅

17

중국 칭다오
:
여행의 시작은 언제나 한결같다

첫 여행지는 중국의 칭다오였다. 한 시간짜리, 제주도보다 덜한 비행은 꽤나 일상적이었다. 게이트로 가기까지, 오늘도 나는 나만의 삶의 패턴에 맞춰 늑장을 부리다 보기 좋게 늦어 버렸다. 비행기에 탄 마지막 승객은 언제나 나였고 사람들의 시선을 한눈에 받으며 가방을 올리던 것도 나였다. 숨을 돌릴 틈도 없이 비행기는 한국 땅에서 발을 떼 버렸다. 저 멀리 보이는 백령도와 북한 땅이 너무나도 당연하게 눈에 들어온다. 대책 없이 떠난 세계 일주. 다른 이들이 공부를 하고 대학을 다닐 때, 나는 일을 했고 한국 밖으로 나왔다. 그런 20대의 새 출발과도 다름없는 순간의 시작은 너무나도 비약했다. 비약하다 못해 아무런 감정 없는 무미건조함으로 남았다. 어느새 성큼 하고 다가온 새로운 나라, 낯선 언어가 아직까진 크게 와닿지 않는다. 기 센 성조가 섞인 말들이 화살이 되어 내 몸 깊은 곳까지 쿡쿡 찔러도 나는 "팅부동!" 하며 껄껄 웃어야 함을 알면서도, 그저 웃음으로 무마하며 헤쳐 나가야 함을 알면서도 나는 멍하기만 했다. 누군가는 개강을, 또 누군가는 입대를 앞두고 있다. 스무 살이라는 같은 나이를 앞에 두고 각기 다른 현실의 고민 앞에서 머리를 옥죄고 있는데, 여행을 앞에 두고 비슷한 고뇌인 척 머리를 옥죄는 나는 위선자인 걸까.

시내로 향하는 공항버스는 종점인 칭다오역에 닿았다. 이제 그만 상념을 멈춰 두고 길 찾기나 해 볼까. 인터넷도 안 되는 곳에서 지도를 보며 애를 써 보자. 그게 내가 해야 할 현실적인 고민일 테니.

1. 칭다오는 흡사 부산을 닮아 있다. 5.4광장에 가면 해운대에 있는 듯한 느낌이 든다. 저녁에 가면 버스킹을 하는 사람도 몇몇 있는데 갑자기 낯익은 멜로디가 들려서 한국 노래인가 했더니 누구나 한 번쯤은 들어 봤을 중국의 강남스타일 '작은 사과'였다. 하여튼 유쾌한 동네다.

2. 오늘 점심으로 규동을 먹었다. 중국 음식도 아니고 일본 음식이라니. 그래도 중국이니까 어느 정도 싸지 않을까 했지만 꼭 그렇지만도 않더라. 25위안(4천 원). 특대를 주문하긴 했지만 양도 그렇게 많아 보이진 않았다. 이건 내가 대식가라 그런가.

3. 개인적으로 관광지나 박물관을 별로 좋아하지 않는다. 오늘 갔던 칭다오맥주박물관은 60위안(1만 원)이라는 비싼 입장료 덕분에 돌아서 버렸다. 그리고 남들 사진 다 찍는 곳에서 사진 찍고 깔깔거리는 거라면 조금 별로. 언제나 나만의 무언가를 추구하는 버릇을 달고 다닌다.

4. 친구2가 '초콜릿쩐쭈나이'라는 밀크티를 추천해 줘서 버스를 타고

다시 CoCo에 갔다. 중국어를 조금 배웠기 때문에 메뉴판을 보면 어느 정도 뜻을 유추할 수 있을 거라 생각했지만 아무리 봐도 '초콜릿쩐쭈나이'라는 메뉴는 찾아볼 수 없었다. 쩐쭈나이? 쩐쭈나이가 뭐지? 하면서 종업원과 같이 머리를 맞댄 결과 떡같이 생긴 버블이라는 사실을 알아낼 수 있었다.

아아 그게 그거였구나.

쌀로 빚어낸 떡은 탄수화물로 이루어져 있기 때문에 밥 대용으로 먹기 충분하다. 개인적으로 나는 9위안(1500원)짜리 작은 사이즈를 주문했는데 11위안(1800원)짜리를 주문했으면 배 터질 뻔했다.

5. 칭다오에 도착한 이후로 만나서 대화를 나눈 한국인이 단 한 명도 없었다. 개강일에 맞춰 여행일정을 잡은 덕분에 한국인을 만나는 일은 하늘의 별 따기보다 더 어려운 일이 되었다. 좋은 일이라면 좋은 일이긴 하지만 수다 떨고 싶어서 입이 근질거린다.

6. 택시 기본요금이 12위안이다. 한국 돈으로 2천 원. 우리나라도 택시요금이 그 정도 하던 시절이 있었다. 2000년대 초반, 내가 아직 초등학교에 들어가지 않았을 때. 그땐 우유가 1리터에 1300원이었다. 꽤나 오래전이지만 한국에도 그런 시절이 있었다.

7. 옆방에 있는 중국 남자가 마룬5의 'Maps' 비슷한 노래를 부르는 것 같은데 차라리 늑대의 하울링이라고 믿고 싶다. 암만 음치라도 그렇게는 안 불러요.

#18

중국 뤄양

⋮

세상 모든 향과 소리가 어우러져도 나는 무덤덤해야 한다

칭다오에서 뤄양까지는, 16시간에 달하는 긴 여정을 함께해야 닿을
수 있는 머나먼 곳이었다. 한국의 여느 공항보다 화려하고 웅장한 칭
다오역의 끝에는 무궁화호보다 못한, 통일호 수준에 빛나는 3등석
기차가 나를 맞이하고 있었다. 등받이를 뒤로 젖힐 수 없어 내리는
순간까지 허리를 꼿꼿이 세워야 하는 그런 기차. 대륙에서 내뿜는 모
든 숨결과 소리, 세상 모든 것으로부터 기원해 무어라 형용할 수 없
는 대륙의 향에 어우러진다는 건 꽤나 흥미로운 일이었다. 대각선에
지상렬을 닮은 머리 까진 남자가 큰 소리로 전화를 해도, 같은 좌석

에 삼삼오오 앉은 이들이 바리바리 싸 온 음식 냄새를 풍기며 '찹찹'하고 먹는 소리가 착착 감겨도, 나는 무념무상해야 한다. 여기는 중국이다. 한국에서 갖던 극도의 예민함이나 히스테리는 떨쳐 내야 한다. 현지에 동화되어 호접몽처럼 내가 여행자인지 현지인인지 모를 만큼 모호해지는 게 바로 여행이다. 꺼내 먹을 만한 것도, 큰 소리로 떠들며 전화할 사람도 없는 나는 멍하니 창문만 바라본다. 마치 예전부터 봐 왔던 풍경인 것처럼, 아무렇지 않은 듯, 해가 넘어가는 지평선 앞에서도 나는 초연할 뿐이다.

시간은 흘러 새벽을 맞고 있었다. 모두가 각기 다른 자세로 잠을 청하고 있는데, 이상하리만큼 나에게는 잠이 오지 않는다. 맨바닥에 누워 잠을 청하는 선구자는 시대의 진정한 승리자인 걸까, 아니면 직각에 가까운 의자에 허리를 꼿꼿이 세우면서도 꿋꿋하게 잠을 청하는 이가 진정한 승리자인 걸까. 이름 모를 기차역에 설 때마다, 반쯤 감긴 눈으로 어디쯤 왔는지 가늠도 하지 못하는 나는 실패자다. 대륙의 정가운데에 올라 어디로 가는지도 모를 만큼 표류한다는 게 얼마나 불안한지 모른다.

제대로 이루지도 못한 새벽을 뒤로하고 아침을 맞으니 그저 고개만 끄덕일 뿐이다. 아침의 시작은 언제나 우육면이 좋다. 중국 컵라면 안에는 센스 있게 포크도 하나 자리 잡고 있는데 술집을 전전하며 당직을 섰던 고단함이 씻겨 내려가듯 기차에서 보낸 새벽이 보기 좋게 씻겨 내려간다. 입가에 반쯤 머금은 웃음, 새로운 도시에 대한 기대감. 넓은 땅덩어리만큼이나 중국도 인도처럼 도시마다 다른 나라에 온 듯한 느낌을 줄까. 세계 여행에서 맞은 두 번째 도시, 하지만 칭다오 때와 같은 길 찾기는 전과 다름없었다.

1. 중국 PC방에서 게임을 하다가 주민등록증을 잃어버렸다. 컴퓨터를 쓰려면 신분증이 필요하다기에 잠깐 꺼냈다 뺐다 했었는데 그게 화근이었다. 지갑 안에도, 가방 안에도 심지어 카운터에도 없었다. 언어는 언어대로 안 통하지, 카운터 직원은 줄곧 자기한테는 없다며 화만 바락바락 내지. 지푸라기 끝이라도 잡는 심정으로 처음부터 다시 뒤졌는데 의자 사이에 다소곳하게 끼어 있더라. 사람이 한번 게임에 빠지면 없어도 될 에피소드도 직접 만들어 내는구나 싶었다. 한동안 컴퓨터에 손을 댈 일은 없어 보인다. 그러기를 바란다.

2. 뤄양 청년궁광장에 가면 50대에서 60대쯤 되어 보이는 부모님 뻘 중년 남녀가 모여 춤을 춘다. 누구보다 더 신나고 더 경쾌하게. 춤 스타일은 살사나 탱고 같은 남미 스타일인데 커다란 스피커에선 중국 음악이 흘러나온다. 중국 뽕짝에도 이렇게 흥이 겨우니 한국 뽕짝을 들고 오면 얼마나 재미날까. 뤄양 시내 한복판에서 한국 뽕짝이 울려 퍼지는 상상을 해 보는 것이다. 물론 현실성 없는 이야기지만.

3. 처음으로 내 입맛에 맞는 음식을 발견했다. 취안커푸수이주위(全口福水煮鱼)라는, 숙소 바로 밑에 있던 식당의 주요 메뉴였다. 그도 그럴 게 메뉴판 1번 메뉴라면 당연히 그럴 테지. 향신료 맛이 강한 여느 음식과 달리 이 음식은 보다 담백하고 얼큰하더라. 아침에는 무조건 국물 요리가 진리. 거기다가 밥까지 나오니 금상첨화가 아닐 수 없었다.

4. 예전에 인도가 애증의 관계였다면 중국은 그냥 한 대 퍽 쳐 버리
   고 싶다. 인도는 그나마 인간적인 면모라도 있었지만, 중국은 아니
   었다. 일본 같은 개인주의와는 아예 거리가 먼 '하나의 중국'. 사회
   주의에서 비롯된 공동체주의.
   중국어를 쓸 줄 아는 사람과 그렇지 않은 사람. 중국어를 할 줄 모
   르는 사람은 철저히 소외시키는데, 영어를 못하는 이들의 모습은
   모두 연기가 아닐까 하는 생각도 해 봤다. 암만 몰라도 그 정도로
   모를까 하고. 나는 이 모든 게 진실한 모습이었다고 믿고 싶다.

5. '明天 西安 15:07 K125 硬座'
   기차역 창구에 가서 이거 하나만 보여 주면 누구보다 더 쉽게 티켓
   을 끊을 수 있다. 암만 영어가 안 통하고 중국어 발음이 썩 좋지 않
   아도 문제 될 건 크게 없다.
   내일, 시안, 열차시간, 열차번호, 딱딱한 좌석.

19

중국 시안

:

획일화 속에서 새로움을 찾다

시안에는 청진식당이라 하는 이슬람식 음식점이 있다. 저녁을 먹기 위해 숙소를 나와 이곳저곳을 헤매다 우연히 발견한 곳. 사람도 꽤 있는 데다 한 번도 접해 보지 않은 장르의 음식이다 보니 어떨까 하는 호기심이 생기곤 했다. 중국어로 빼곡히 쓰인 메뉴들. 일반적인 중국 음식의 나열이 아니다 보니 눈에 들어오는 메뉴는 있을 리가 없었다. 국물이 있는지, 소고기가 들어가는지 닭고기가 들어가는지 모를 땐 과감히 첫 번째 메뉴를 선택하는 게 좋다. 혹여나 분식집에 가서 김밥 한 줄 달랑 주문하는 꼴이 되어 버릴지도 모르지만 20위안,

한화로 3천 원 정도면 시안에선 배불리 먹고도 남을 금액이다.

회족 모자를 쓴 종업원이 한글로 된 내 노트를 관심 있게 보다 간다. 여태껏 단 한 번도 접해 보지 못한 문화, 이름도 내용물도 모르는 음식. 그런 음식이 나오는 동안 내 시선은 메뉴판이나 주방을 향해 있다. 어떤 음식이 나올까 하는 기대감. 회족 모자를 쓴 이가 음식을 가지고 올 때마다 내 시선은 설렘과 긴장 가득 찬 눈빛으로 그를 따라가곤 한다. 한 끼 식사도 안 될 음식이 다른 테이블로 갈 땐 안도의 한숨이, 제법 그럴듯한 음식이 갈 땐 아쉬움의 한숨이. 무엇이든 입에다 맞는다는 위안으로 기다리다 보니, 어느새 뜨거운 김 내뿜는 요리가 내 앞에 앉아 있다. 걸쭉한 국물과 수제비 같은 반죽이 한 움큼 담겨 있던 요리. 마치 강원도의 감자옹심이를 연상케 하는 그런 음식이었다.

국물이 다 비워져 간다. 국물이 다 비워져 간다는 건 이슬람도, 한족도 아닌 중첩된 문화권에서 벗어나 완연한 중국으로 돌아가야 함을 의미한다. 어김없이 들려오는 크고, 각각의 높낮이를 지닌 중국어(들을 때마다 나는 늘상 '팅부동'을 외쳐야 될 것 같다), 그리고 각기 다른 크기를 지닌 빨간 간판의 향연. 그러고 보면 시안의 그 어떤 골목을 지나도 초록색 간판을 지닌 곳은 오직 청진식당 하나였다. 우연치 않은 계기로 발견한 곳이었는데, 정말이지 나는 다른 세상에 있다가 온 거였구나.

1. 기차 타는 데에 있어서는 이제 도가 틀 지경이다. 4시간 정도는 그냥 옆 동네 가는 거지 하며 무덤덤해한다. 인도 때도 그랬다. 그 정도 이동이야 아무것도 아니지 했는데 막상 1호선 타고 서울 나가

려고 하니 엄두가 안 나더라. 아니 양주에서 용산까지 그 먼 거리를 어떻게 전철 타고 다녀요.

2. 기차에 오른 사람들은 무언가를 가득 들여오더니 이내 음식과 이야기들로 한 보따리를 풀어 낸다. 중국인들은 언제나 유쾌해 보인다. 중국어 특유의 성조와 말투 때문인지는 모르겠지만 입을 열고 사람과 대면할 때만큼은 그렇게 즐거워 보이지 않을 수가 없다.

3. 객실 안으로 들어온 여자가 선반 위에 캐리어를 올리려 하자 맞은 편 남자가 캐리어를 붙잡고 손수 올려 준다. 여자에게 잘 보이고 싶은 남자의 심리는 어딜 가나 다를 게 없는 듯하다. 그러면서 남자가 살짝 미소를 보이는데 같은 동족으로서 내가 모를 리가 있나. 선의로 한 거면 모르겠지만 그린라이트를 노린 거라면 고이 접어 두는 게 좋아.

20

중국 베이징

⋮

모두가 다 같은 생각 속에 살아가는 건 아니었다

허난성에서 온 남자와 대화를 트게 되었다. 같은 방을 쓰는 남자였
는데 그는 영어를 단 한마디도 하지 못했고 나는 중국어를 적당히 할
줄 몰랐다. 어떻게 할까 고민하던 남자는 중국의 메신저인 위챗으로
대화를 하자고 했고 우리는 삽시간에 위챗 친구가 되었다. 위챗 대화
창에 번역 기능이 있던 덕분에 나는 한국어를, 남자는 중국어를 막
힘없이 쏟아 냈다. 언어의 장벽에 막혀 쉬이 들을 수 없었던 중국 사
람의 이야기. 하지만 그렇다고 해서 위챗의 번역이 완벽한 건 아니었
다. 의역과 오역이 난무하는 데다 문법도 맞지 않아 정확한 의미를
유추하는 데 오랜 시간이 걸렸다. 이는 상대방도 마찬가지겠지.

주된 대화내용은 놀랍게도 공산당에 대한 비판이었다. 중국 본토를
비롯해 해외 도처에 이르는 모든 중국인들이 공산당을 지지하고 '하
나의 중국' 사상에 매료되어 있을 거라 생각했다. 그렇다면 이 남자
는 도대체 무엇이란 말인가. 허난성에 사는 사람들이 여타 지역에 비
해 차별을 많이 받는다는 이야기를 얼핏 들은 적이 있다. 어쩌면 남
자는 그러한 중국 사회의 풍토로 인해 정부에 반(反)하는 마음을 갖게
된 건 아니었을지. 언론의 통제는 물론 표현의 자유가 제한된 중국인
만큼 같은 중국인이 아닌, 아예 연관조차 없을 외국인인 나에게 솔직
한 심정을 털어놓은 건 아닐까 싶다. 거기에다 한국에서 왔으니 민주
주의에 대한 궁금증도 어느 정도 있었을 테고.

중국인에 대해 한번쯤은 다시 생각해 볼 기회였다. 세상 모든 중국인
이 '하나의 중국' 사상에 매료되어 있을 거라 생각한 건 편견이었음을
다시 한번 깨닫는다.

#21

중국 얼롄하오터

⋮

세 얼간이의 국경 넘기

베이징에서 중국 측 국경도시 얼렌하오터까지 16시간. 하루를 꼬박
버스 안에서 보내야 하는 고된 일정이었지만, 그간의 고생길(각각 중
국과 인도의 꼬리칸 기차에서 인터넷 없이 하루를 새우고, 말 안 통하는 세상에서 소
외를 겪는 일에도 아무렇지도 않은 경지)에 단련이 되었는지, 이 정도 이동에
는 끄떡도 하지 않게 되었다. 거기에 침대버스는 물론이고 아침 8시
반이라는 아주 칭찬할 시간에 도착까지 해 주니 이만한 일정이 더 어
디 있겠는가. 다만 침대에 모래알이 나뒹굴고 키에 안 맞긴 했지만,
진정한 몽골에 필적하는 풍경에 그나마 용서가 되었다.

얼렌하오터행 버스에 오른 외국인은 나를 포함해서 총 세 명이었다.
한 명은 일본인 유스케, 또 한 명은 태국인. 그중 몽골로 가는 이는 중
국인 남자를 포함한 네 명이었다. 우리에게 있어 기대주는 단연 중국
인 남자. 중국어를 1도 못하는 것은 물론 몽골 측 국경인 자민우드로
가는 방법조차 몰랐던 우리였기 때문에, 그는 실마리와도 같은 존재
였다. 하지만 영어가 통하지 않던 탓에 '火車(기차라는 뜻의 중국어)'라는
메시지만 남긴 채 광속탈락을 선택하고, 언어능력자가 없는 오합지
졸만이 남아 의지를 다져야 했다. 어떻게든 몽골에 가야만 했으니까.
숙소라 해 봐야 값비싼 호텔이 전부였고, 한 달짜리 비자는 끝을 향
해 가고 있었다.

누가 일본인 아니랄까 봐, 유스케는 버스에서 내리자마자 만난 택시
삐끼 앞에서도 안절부절못하고 있었다. 충분히 예상이 가던 그림이
라 무심한 척 오라고 했고, 가는 방법에 대해 직접 프린트를 가져올
정도로 준비성이 철저했던 태국인은 태국어로 된 지도를 들여다보
며 우리를 이끌었다. 주차장 비슷하게 생긴 어느 장소에 가면 자민우
드로 가는 차들이 모여 있을 거라고.

아, 이 형이 진정한 구세주였구나.

그를 따라간 곳엔 정말이지 몽골 번호판을 단 승합차들과 척 하면 착 하고 달라붙을 삐끼들이 자리매김을 하고 있었다. "고 투 몽고리아? 자민우드?" 구글에서는 50위안(8천 원)이면 충분히 국경을 넘을 수 있다고 하던데, 3년 전 데이터라 크게 믿을 만한 건 되지 못했다.

"40위안(6500원)?"

처음부터 높게 불러선 아니 된다. 그전에 비해 물가가 올랐다고 따라 맞춰 줄 필요는 더더욱 없다. 아무리 옛날 정보라고 해도 외국인 물가는 다를 수도 있으니까.

"60위안(1만 원)!"

"그럼 50위안은?"

"오케이."

?

이렇게 쉽게 끝날 흥정이 아니었을 텐데? 몽골 땅은 밟았지만 마음 한구석 찜찜한 감이 없지 않아 느껴졌다. 구글 속 서양 여행자들도 바가지를 썼던 것인가, 그럼 로컬요금은 얼마나 더 저렴한 것인지… 국경 하나 넘자고 5km 채 안 되는 거리를 한국 심야택시요금으로 간다는 사실이 영 마음에 들지 않았다. 바가지다. 한눈에 봐도 바가지다. 하지만 두 친구도 있다 보니 예의상 속고 넘어가려고 했는데.

아니나 다를까 시내 한 바퀴를 빙빙 돌아 처음 내린 정류장까지 오지 않던가. 기사는 차를 잠깐 멈춰 세우더니 어딘가로 달려 나갔다. 뒷자리에 홀로 남겨진 셋. 도망갈까? 어차피 잔금처리도 안 했는데 하며 운을 띄웠지만 반응은 미지근했다. 잠시 후 표도르급 체격의 두 러시아인을 데려온 운전기사. 이로써 3명이 앉아도 여간 불편한 게 아닌 승합차에 5명이 껴 앉으니 덩치가 큰 편인 나와 유스케는 고깃덩이가, 안 그래도 마른 태국인 남자는 쥐포가 되어 갔다. 남자의 몸이 쥐포가 되어 갈수록 배를 불려 가는 기사의 욕심. 그의 머릿속에선 과연 얼마나 큰 파티가 열리고 있을까.

보기에는 소박해 보여도 면세점은 물론 있을 건 다 있는 출국수속장. 태국인은 비자 때문인지 잠시 어디론가 빠지고, 나와 유스케는 한편에 가서 카드 작성을 하기로 했다. 카드를 쓸 때면 어김없이 공개되는 나이, 사실 궁금하기도 했다. 저 친구는 과연 몇 살일지, 그리고 뭐 하던 친구였을지. 여행을 떠나왔다는 이유로, 그리고 나이 묻기를 피하는 서양문화를 이유로 나이에 대해 꽤나 관대한 척을 하지만, 밥그릇 개수로 서열 매기기 좋아하는 한국인의 DNA가 그리 멀리 가지는 못하더라. 맨 위에 생년월일을 적는데 어딘가 많이 익숙한 숫자가 보인다.

"Are you born in 1997?"

여행자 중에 동갑인 친구가 있다니. 사실 그가 인도를 비롯한 여러 나라를 여행했다는 말에 나이가 꽤 있을 거라 생각했다. 그래서 나보다 많으면 많지 19살 동갑이라곤 상상도 하지 못했다. 굳이 따지자면 빠른 연생이라 학년으로는 나보다 위긴 하지만 그게 뭐가 중요하던가. 일본판 나의 등장. 그 나이 때부터 혼자 여행하는 독종은 나만 있던 게 아니었구나 하는 생각에 모종의 안도감과 반가움을 감출 수가 없었다. 우리 둘 다 영어를 잘했더라면 의형제를 맺고 나중엔 같은 집에 살았을 게 분명했다.

여느 때와 같이 두 곳의 사무실을 들러 출국과 입국수속을 마치니 외교부로부터 몇 통의 문자가 날아온다. 서머타임을 사용하는 덕분에

한국과의 시차가 없는 나라, 하지만 날씨만큼은 한국의 11월 중순이라 청바지와 긴팔 몇 벌을 껴입어야 하는 나라. 몽골에 도착했다.

자민우드에 내리니 예상대로 택시 삐끼들이 모여든다. "고 투 울란바토르? UB?" 우리는 애초에 기차를 타기로 마음먹었으니 조용히 지나쳐 주시고. 티켓은 기차역 사무실에서, 환전도 역시 기차역 사무실에서. 몇 장의 모택동을 내밀자 칭기즈칸이 내 손안에 들어온다. 생전 안 사던 유심카드도 역시 기차역 사무실에서. 한 달 1GB에 전화까지 포함해서 9천 원 돈이면 나름 괜찮은 금액 아닌가. 하루 생활비의 절반으로 몽골 현지인인 척 도시와 시골을 누벼 보자. 이전의 중국처럼 인터넷 없는 고난의 행군에서 벗어나자는 거였다.
기차는 오후 6시가 되자 통일호보다 더 느린 속도로 첫발을 떼었다. 작은 동네를 벗어나자 보이는 것은 초원, 산, 게르 그리고 말이나 양들. 이들에게는 평범하기 짝이 없을 풍경들이 나에게는 그저 감탄스럽기만 하다. 드넓은 벌판을 한국에서 본 적이 있었던가. 해 봐야 제주도의 용눈이오름이 전부인 나에게 몽골은 그저 신세계였다.
후드티를 입고 잤는데도 추워서 덜덜 떨었더랬다. 울란바토르에 가면 겨울옷들 좀 사 입어야지. 저녁에는 유스케, 자민우드의 식당에서 합류한 미국인 케빈과 같이 포커 게임을 하느라 주변을 둘러보지도 못했다. 학교에서도 소박하게 몇 번 안 해 본 내가 게임 방법을 알려 주고 있다니. 와세다대, 워싱턴대와 겸상하다 보니 내가 놀아 본 애가 된다. 본국에선 일상처럼 즐겼을 이들이 순백의 눈으로 내게 스트레이트가 플러시보다 높냐고 물으니 차마 웃지는 못하고, 아무렇지도 않은 듯 알려줬더랬다.

아침이 되자 안개에 묻힌 마을들이 눈에 들어온다. 소박하고 정감 가는 채색. 기차가 출발할 때 본 풍경이 다음 날 아침이 되어서도 반복된다. 마치 어제 그 자리에 머물 듯, 다시 초원, 다시 산 그리고 다시 게르.

22

몽골 테를지

⋮

별

물갈이가 진정된 후 나는 테를지에 가기로 했다. 테를지는 울란바토르에서 세 시간이면 닿는 곳으로 몽골만의 자연풍광을 그대로 간직한 국립공원이다. 겨울이 빨리 오는 곳일 테니 소복이 쌓인 낙엽과 아직 얼지 않은 개천, 빨갛고 노랗게 물든 이파리들이 어우러져 하나의 숲을 이루고 있을 게다. 게르에서 문을 열고 나와 낮의 풍경에 둘러싸여도 더할 나위 없이 좋겠지만, 사실 테를지에 가려는 이유는 따로 있었다.

별이었다.

서울에서 태어나 어린 시절과 현재를 도시에서 보낸 나에게 별은 환상 그 자체였다. 서울 상공에 작게 하나 뜬, 어쩌면 인공위성이나 비행기일지도 모르는 물체조차도 별이라고 해야 했던 내가 쏟아지는 밤하늘을 보게 된 건 열아홉 살이 되던 겨울날이었다. 도서지역을 제외하고 인구수가 제일 적다던 경상북도 영양. 히치하이킹 여행으로 안동에서 동해안으로 가던 나는 밤조차도 아름다워 '이 밤'으로 불리는 줄 알았던 입암면을 지나 영양읍내에 닿았다. 교회의 '집사'라는 호칭을 지닌 그를 따라간 곳은 신년회 준비가 한창이던 어느 교회. 서울에서 여행 온 외지인으로 얼굴도장을 여럿 찍은 나는 교회에서 지위가 꽤 있었던 장로님의 댁에서 잠을 자게 되었다. 포장도 되어 있지 않은 구불구불한 산길, 어느 지점에서부턴가 네트워크가 끊겨 전화조차도 터지지 않는데 가로등이란 게 있을 리 만무했다. 도로의 끝자락에 보이던 집 한 채. 차에서 내리자마자 보게 된 건 분명히 하얀 하늘이었다. 백주도 아닌 한밤중에 하얀 하늘이라니. 까만색 무지에 촘촘하게 박힌 다이아 큐빅은 세상 것이 아니었다. 너무나도 비현실적이라 꿈을 꾸고 있거나, 아니면 착각 속에 빠져 보지 말아야 할 것을 보고 있음이 분명했다.

오후 4시가 되자 한국에서 들여온 좌석버스가 모습을 드러낸다. 도색이나 내부구조를 바꾸지 않아 한국 느낌이 물씬 나던 버스는 서울을 출발해 내가 살던 작은 동네를 향해 달려가고 있었다. 시내의 끝자락에 닿으니 넓은 평원과 벌거숭이 민둥산이 선을 이어 간다. 그리고 다시 게르, 작은 마을, 족히 스무 마리는 되는 양 떼. 울란바토르행 기차 안에서 보던 모습 그대로였다. 포천 가는 길에 보이던 공장단지나 공사 중인 도로, 우후죽순 지어진 아파트가 아닌 자연 그대로를 간직한 주변에 아무것도 없는 뻥 뚫린 길이었다. 도착하기까지 한 시간, 버스는 여전히 무위를 달리고 있었다.

테를지에 도착한 건 저녁 어스름한 무렵이었다. 오밀조밀 모여 있는 게르 몇 채와 목조로 지어진 집들이 여럿 있는 마을, 완전히 해가 기

울면 숙소는커녕 한 치 앞도 안 보일 게 분명하다. 인터넷에조차 정보가 전무해 숙박비나 물가는 알 수 없지만 이미 추워져 버린 가을날에 장작을 땐 난로만 있다면 그것만으로도 감사할 것 같다.

숙소를 찾는 데에 있어 제1요소는 가격이다. 어느 정도가 저렴하고 또 어느 정도가 비싼 편인지 가늠할 수 없다 보니 표본을 여럿 정해 평균과 최저가를 내야 한다. 첫 번째로 들어간 숙소에서는 5만, 그다음에서는 3만, 코너를 돌자 나오는 곳은 2만. 혹시라도 1만짜리가 나올까 하고 여러 곳을 둘러봤지만 최저가는 2만이었다. 한국 돈 만 원. 샤워는커녕 화장실도 제대로 갖추어지지 않은 데다 밤이 되어야만 전기가 들어오는 작은 공간이지만, 장작에다 불을 지피고 성냥을 켜니 따스함이 밝아 온다. 게르를 단단하게 짓기 위해 쓰였다던 말똥을 비롯한 거름 냄새도 은은하게 퍼져 오른다. 생애 첫 홀로 지내는 게르, 아무도 없고 오롯이 나만 있는 곳에서 보는 별은 어떤 느낌일까.

채영에게서 연락이 왔다. 채영은 나와 마찬가지로 여행하는 친구였다. 대학입시를 앞둔 그녀에게 몽골에서 별을 본다는 나의 말은 어떤 의미로 다가왔을까. 여러 대화가 오갔고 마침 데이터를 한 달 분량으로 받아 놓은 게 생각나 채영에게 전화를 걸었다. 어느 순간엔가 끊긴 전화연결음, 늦은 시간임에도 선뜻 전화를 받아 준 채영이 고마웠다.

"여보세요?"

밤 10시가 넘은 시각이었지만, 오후에 소나기가 내린 탓에 아직 별조차도 보지 못한 나였다. 한국에 있는 채영에게 처음 몽골 하늘과 대면한 실감을 들려주자. 오랜 친구 사이이다 보니 이런저런 이야기들이 오갔다. 여행하면서 느꼈던 감정이나 학교생활, 앞으로의 삶의 계획과 같은 이야기들. 채영의 수화기 너머로 벽시계 소리가 들려온다. 소리는 잠잠해지더니 이내 다시 들려온다. 한 시간이 지난 것이다. 시간 가는 줄도 모르고 이런저런 얘기들을 나누다 보니 한 시간을 지나 두 시간을 향해 달려가고 있던 거였다. 시답잖은 농담의 연장이 아닌 진지한 이야기로 대화를 오래 이어 나갈 수 있는 사람이 주변에 얼마나 될까. 채영 같은 사람과 이야기를 나눌 수 있다면 밤하늘의 별을 가져다줘도 아깝지 않으리라.

그러니까, 별은.

대화에 집중하다 보니 별을 보는 것조차 잊어버리고 말았다. 투둑 하는 소리가 들리지 않는 걸 보니 비는 그친 지 오래, 건조한 날씨의 몽골일 테니 구름마저도 개었음이 분명하다. 이제 밖으로 나가 보자. 기대는 하지만 설레거나 하지는 않는다. 본래 무언가를 봐도 별다른 감정변화 없이 무덤덤한 나다. 2년 전 영양에서 보았던 별 이상도, 이하도 아닐 것이다. 나가기에 앞서 약간의 시간을 끌어 보자. 스스로에게, 그리고 수화기 너머의 채영에게 조금이나마 기대감을 던져 주는 거다. 고개를 숙여 살며시 문을 연다. 키 작은 게르 밖에 무엇이 있을지 충분히 예상이 가니까, 별다른 말 따위 하지 않을 걸 알고 있다. 하얀 하늘이 도대체 뭐라고.

수화기를 붙들고 있으니 무슨 말이라도 해야 할 텐데, 입이 차마 떨어지지 않는다. 무슨 말을 해야 할까, 숨죽여 기대하고 있을 채영에게 어떤 말을 해야 할까. 하늘 위에 박힌 별들의 밀집이 뭐라고, 하늘 한가운데 늘어진 은하수가 도대체 뭐라고. 그럼에도 탄성밖에 내뱉지 못하는 건 어떤 이유인 걸까. 한편에선 별똥별이 떨어지기 시작하고, 그 찰나를 놓치지 못한 나는 연이어 탄성을 내지르고 만다. 태

곳적부터 이어져 온 아름다움, 그 말도 안 되는 아름다움에 눈이 멀고 말을 잃어 심장까지 멎어 버리는 거다. 어쩌면 '별'의 존재를 잊어버린 건 대화에 집중해서가 아니라 미루고 싶은 거였을지도 몰라. 그 이후에 받을 충격이 두려워서, 회피하고 싶은 거였을지도 몰라.

채영과의 전화가 끊기고 다음 날 아침, 밖에는 안개가 자욱해 새벽인지 아침인지 분간하지 못할 정도로 흐린 날이 이어졌다. 내가 보았던 건 무엇이었을까. 어젯밤 보았던 별은 그저 가을날의 꿈에 지나지 않았던 걸까. 황홀한 날의 끝은 언제나 허무하다. 다음 날이 되면 언제 그랬냐는 듯 초연해져 말없이 고개를 끄덕이곤 한다. 세상에 영원한 건 없다고. 꿈에서 깨어나라며 누군가 어깨를 툭툭 치는 듯한 느낌을 받는다.

23

몽골 고비사막

:

우리는 모두 수평선 위에 둔 수직일 뿐이다

울란바토르는 시내가 크면서도 작아서 조금만 남쪽으로 내려가면 언제 도시가 있었냐는 듯 평원이 모습을 드러낸다. 광장을 중심으로 운집된 고층 건물, 카페베네, 연식이 오래되어 바다 건너온 한국 버스들. 저 멀리에 보이는 공항은 아직까진 여기가 도회지임을 말해 준다. 활주로가 한 개였나, 두 개였나 싶은 작은 국제공항. 울란바토르의 것들은 어딘가 소박한 구석이 있다. 한국의 것과는 퍽 달라서 세련되고 크기에서 비롯된 웅장함보단, 아날로그적이면서도 정겨운 구석이 있다. 구태여 공공 건물의 크기나 높이를 키우지 않아도, 몽골은 몽골만의 한결같은 면이 있다는 거다. 지평 위로 해가 뜨고 지는 조용한 나라. 하지만 그에 반해 세계 최빈국이었던 한국은, 전쟁이 끝나고 난 뒤엔 그저 잘 살아 보겠다고, 다음 세대에게는 절대 가난을 대물림하지 않겠다는 일념으로 산업화와 민주화를 짧은 시간 안에 이루어 낸, 동시에 냉전체제의 최전방으로서 민주주의와 자본주의의 우월함과 정당성을 피력해야 했던 슬픈 나라였다.

투르공이라 하는, 러시아식 군용차를 개조한 승합차엔 예닐곱 명의 여행자가 앉아 있다. 세계 어디를 가도 한국인들은 그들만의 커뮤니티를 구축해 다음의 여행자와, 오랜 시간이 흐른 뒤에 찾아올 후대의 여행자로 이어져 오는 만큼, 한국인들에게 주류인 여행사를 찾는 건 그리 어려운 일이 아니었다. 언어장벽에 가로막혀 눈짓과 표정으로 주고받는 어색한 기류보단 같은 언어를 사용하는 이들이 더 나을까 싶으면서도, 한국 밖으로 나왔음에도 여전히 한국 사회 안에 갇혀 있으니 한국이나 투르공이나 다를 건 크게 없어 보였다. 직장을 두고 온 사회인의 이야기와, 세계 여행을 갓 떠나온 탈사회인의 공존은 이미 한국에서도 공공연한 이야깃거리지 않았던가. 국물이 톡 하고 터지는 몽골식 만두를 먹으면서도, 차로 두 시간쯤 달려 이름 모를 식당에 내리면서도 한국의 연장선상에 서 있음은 다름없었다.

차는 하루 진종일을 달려 이름 모를 평원에 다다른다. 이렇다 할 길도 없어 좌표보단 오로지 몽골인의 '감'만이 가미돼야 겨우 닿을 수 있는 곳. 지도로 확인해 보니 지금은 중국령이 되어 버린, 내몽골자치구와 가까워 수도에서 수백 km나 떨어진 복판에서 작은 화살표로 서 있을 뿐이었다. 몇 채 놓인 게르는 좌표가 되어 주지 않는다. 시간이 흐르고 풀이 자라나지 않을 때면 곧 사라지고 말 테니. 암만 구글 지도의 성능이 좋다고 한들, 고비는 몽골인만의 '감'이 없는 이방인으로 하여금 지도에 의미를 부여하게 하지 않는다.

하늘은 거대한 방공호가 되어 평원에 서 있는 이를 감싸 안는다. 왼쪽 끝 지평과 그의 대척을 연결해 반구를 이루는데, 반구의 중앙엔 은하수가 흐르고 그 주변을 별자리와 별자리가 아니어도 좋은 이름 없는 별들이 무한한 검정을 수놓는다. 간간이 떨어지는 별똥별 또한 지극히 일상적이며 그리 놀라운 일은 아니니 몽골의 별똥별이 소원

을 들어준다고 했다간 몽골에 있는 모든 이의 소원을 들어줘야 했음이 분명하다. 나를 비롯한 모든 여행자가 침낭을 덮고 하늘을 향해 누워 있는데, 고비로 떠나기 전의 삶과 앞으로의 삶에 관한 이야기만 오갔던 이전과는 달리, 지금은 대자연을 목전에 둔 사소한 인간의 감상이라든가, 별똥별을 얼마나 더 많이 보았는가에 관한 이야기밖에 오가지 않았다.

고국에 직장을 두고 온 이나, 세계 여행을 갓 떠나온 이 모두 수평선 상에 둔 수직일 뿐이다.

울란바토르엔 일주일가량 더 머물렀다. 울란바토르에서 할 만한 일이 많았기보다는, 단지 지극히 평범한 일상을 만끽하고 싶었을 뿐이다. 이를테면 영화관에 가서 영화를 본다든가, 광장에 가선 못 그리는 그림을 그린다든가. 아니면 조예가 깊지 않음에도 현대 미술관에 간다든가. 한국음식점에서 국밥을 먹거나 일본음식점을 찾아가는 건 소소한 일상의 재미였고, 그 후엔 언제나 카페베네 커피가 뒤를 따랐다.

어김없이 광장에 갔던 날이었다. 시내 한가운데에 있던 광장은 어디로든 가기 용이해 숙소에서 나오면 가장 먼저 찾는 곳이었다. 어디로 갈까 하다가 예술회관 앞에 닿았는데, 익숙하고도 낯선 글씨체와 백두산 천지가 그려진 그림이 눈에 들어왔다.

조선민주주의인민공화국 사진전. 말 그대로 북한 사진 전시회였다. 국외로의 출입에 민감한 북한에서 민간단체가 자체적으로 왔을 리 만무하니 아무래도 당에서 주관한 사진전일 테지. 대한민국 국적자로서 두려움이 앞서면서도 이내 호기심으로 바뀌어 발걸음이 닿게 만들었다. 입만 열지 않으면 내가 한국 사람인지, 몽골 사람인지 어떻게 알겠냐는 생각. 회관 안쪽으로 들어가니 삼삼오오 모인 당 고위층들이 이런저런 얘기를 나누고 있었다. 방송 매체를 통해서나 봤을법한 북한식 제복과 북한식 말투. 다가가서 서울에서 왔다는 말로 운을 뗄까 하면서도, 여행을 떠나온 이방인으로서라도 내가 낄 자리는 아니라는 생각에 거리를 두기로 했다. 이들에게 남한에서 온 여행자가 말을 건다는 매뉴얼은 존재하지 않았을 거다. 나 또한 마찬가지로 여행 중에 북한 사람과 대화를 나눈다는 매뉴얼은 존재하지 않았으니.

콘서트홀이 북적이기에 혹시나 싶어서 들어가 봤더니 전통복장을 입고 전통춤을 추는 공연이 한창이었다. 이따금씩 마두금이라 하는 몽골 현악기를 켜고는 동시에 두 가지 목소리를 내는 몽골의 전통공연이었다. 북한 예술단의 공연을 기대한 나는 도대체 뭔지. 공연이 끝남과 동시에 혼란을 틈타 다시 밖으로 나오니 이번엔 북한에서 온 물품과 함께 현재 북한의 경제성장 척도나 과학기술 발전에 관한 전시가 줄을 잇고 있었다. 이를테면 이전에 쓰던 교과서라든가, 예상과도 같이 김일성 우상화와 주체사상을 담은 책이라든가. 그중에서 가장 눈에 띈 건 전시회 끝에 걸려 있던 김일성과 김정일의 초상화였다. 그리고 그 사진을 지키는 덩치 큰 남자. 선량하지 못한 체구와 선량하지 못한 눈빛. 그때서야 나는 깨달았다. 저 자에게 내가 남한 사람이라는 사실을 들킨다면, 회관에 있는 모든 이가 나의 적이 되어 화살을 던질 거라는 것을.

여행하면서 한번쯤은 볼 만한 볼거리였다. 이들의 꽤나 그럴듯한 선전을 비교적 가까운 거리에서 본다는 것. 하지만 그러한 선전이 북한과 사회주의의 이미지 향상에 큰 도움을 주는지, 나는 알 방법이 없었다. 어쩌면 옛 사회주의의 향수를 불러일으키겠다는 전략일 수도 있겠다.

#24
러시아 국경 기차역에서 노숙하기

울란바토르에서 국경을 넘어 러시아 울란우데로 가는 방법에는 여러 가지가 있다. 하나는 기차를 타고 한 번에 가는 방법, 또 하나는 버스를 타고 가는 방법. 후자는 여기서도 두 가지로 나뉘는데 하나는 울란우데까지 직통으로 가는 방법, 다른 하나는 국경도시인 수흐바타르에서 갈아타서 가는 다소 번거로운 방법. 한 푼이라도 아끼는 데에 혈안이 되어 있는 데다 해가 뜨지도 않은 아침에 출발하는 직통버스는 암만 생각해도 무리였다. 미련한 나에게 주어진 선택지는 오직 하나, 다소 번거로운 방법밖에 없었다.

점심부터 꽉꽉 막히는 시내를 뚫고 터미널에 가니 이번에도 한국에서 들여온 버스가 눈에 들어온다. 고속도로가 시원하게 뚫린 작은 땅에서만 달리던 버스가 어쩌다가 여기까지 왔을지. 티켓에 적힌 차량번호는 맞지만 키릴문자로 '수흐바타르'라고 적혀 있지 않아 두리번대던 나에게 누군가 말을 걸어온다. 이거 수흐바타르 가는 거 맞다고. 그러고는 내가 한국에서 왔다는 걸 알자 서툰 한국말로 다시 말을 걸어온다. 버스는 4시 반에 출발한다고, 안정적인 출발이다. 이로써 보름은 넘게 머물던 울란바토르를 떠나게 되었다.

우연치 않게 맨 앞자리에 앉은 덕분에 창밖의 세상은 오롯한 나의 것이 되었다. 시내를 벗어나니 하나둘씩 사라지는 집들과 여전히 울퉁불퉁한 아스팔트길, 여전히 능선을 따라 이어진 벌거숭이 민둥산까지. 이제 몇 시간 후면 삼 주 가까이 지낸 몽골의 풍경과 안녕을 고해야 한다. 지겹도록 공활하던 가을 하늘에 어둠이 드리우고 구름과 함께 하얀색 알갱이가 하나둘씩 날리기 시작한다. 첫눈. 2016년 들어 처음 보는 눈. 한국이었으면 여름의 연장선과도 같을 시월 초에 눈을 보는 사람이 세상에 얼마나 될까? 남들보다 두어 달 빨리 보게 된 첫눈은 나에게 있어 특별하게 다가온다. 공활한 가을 하늘만큼이나 이들에겐 지겹도록 혹독할 눈 무덤이겠지만, 남들을 제치고 고지에 먼저 다다른 기분은 무언가 짜릿하다. 여름은 짧아지고 겨울은 길어진다. 여름에서 겨울 사이, 여행경로는 갈수록 위를 향하다 보니 겨울은 더 빨리 다가온다.

수흐바타르에 도착한 건 밤 11시였다. 300km가 조금 넘는 거리를 고작 7시간 만에 닿았다는 건 기차보다 더한 속도로 내달렸다는 이야기다. 여러 차례의 쉬어 감이 있는 데다 도로는 2차선이었다. 몽골의 도로사정을 완벽하게 간파하지 못한 내 알량함과 버스기사의 신이 내린 운전 스킬. 덕분에 나는 낯선 국경도시에서 긴 밤을 보내야 했다.

러시아까지 가는 방법 따위 직접 가서 알아보자는 일념으로 무작정 수흐바타르행을 택한 미련한 나였다. 그런 이에게 한 줄기의 희망, 그것도 잘고 촘촘한 나이테와 두꺼운 나무껍질로 중무장한 나무줄기의 희망과도 같은 사람이 있었으니, 한국어로 얘기를 몇 번 나누었던 아까 그 남자. 버스기사였다. 서툰 말로 오간 대화였지만, 수흐바타르에 있는 자신의 집으로 가자고 했던 그였다. 누구보다도 나의 사정을 잘 알고 있을 사람. 나는 그를 믿어 보기로 했다.

대화의 실마리가 꼬여 가기 시작한 건 목적지에 도착할 무렵이었다. 언젠가부터 그가 대화를 피하고 있음을 느꼈다. 무슨 말을 해도 어딘가 께름칙한 낌새가 느껴지는 게, 이 사람의 등을 따라 보기 좋게 갈 일은 없어 보였다. 버스의 짐들은 유난히 많아 각자의 것을 찾아가는 데만 한 세월이 걸리고, 첫눈은 모두 녹아 없어져 살을 에는 추위만 남았다. 퇴근할 준비를 미처 끝내지 못한 그에게선 아직 확답을 받지 못한 상황. 나는 일단 그를 하염없이 기다려야만 했다.

"혹시 저는 어떻게 되는 건가요?"

시선 돌리기에 바빴던 그였다. 나는 그가 다른 생각을 하고 있음을 감지했다.

"내일 아침, 러시아 갈 때, 택시. 30만 투그릭, 어? 30만 원."

어쩐지 낌새가 이상하다 했다. 오늘 밤 저 남자를 따라갔다간 꼼짝없이 택시에 몸을 실을 게 분명하다. 국경을 넘는 기차나 버스 시간표를 알지 못하니 별다른 저항도 하지 못한다. 방법은 하나다. 독자적인 노선을 걷는 것. 그로부터 최대한 벗어나는 거다.

"그럼 잠깐 기차역에 갔다 올게요. 시간표 좀 확인하러."

버스는 이미 길머리를 돌려 시야 밖으로 사라지고, 역 안은 따뜻함이 감돌아 일정 시간 머물기 충분해 보였다. 울란우데로 가는 기차는 아침 9시는 지나야 온다. 그럼 주변에 숙소는? 걸어서 1분 거리에 '호텔'을 빙자한 여관급에서 3만 투그릭을 외친다. 15000원, 그 큰돈을 내고 잠만 자고 나올 생각을 하니 그조차도 찜찜하다.

차라리 노숙을 하는 건 어떨까?

고비에서 만난 이로부터 받은 침낭, 사람이 들어온다 해도 시선을 크게 받지 못할 계단 밑 구석진 벤치자리. 역무원이 친히 나와 내쫓지 않는 이상, 해가 뜰 무렵인 7시까지는 충분히 버틸 수 있다. 침낭이 빠진 공간에 보조가방을 넣고 벤치에 큰 가방을 묶어 주면 끝. 불 켜진 실내라 잠들긴 조금 어렵겠지만 몸을 뉘일 공간이 있음에 감사함을 느끼던 찰나, 인기척을 느낀 역내 경찰이 내 쪽으로 다가온다. 혹시라도 대화가 안 되지 않을까, 아니면 듣고 싶지 않았던 말을 건네지 않을까. 한 치 앞도 가늠할 수 없기에 더더욱 조마조마한 상황, 앞까지 다가온 그와 조심스럽게 눈을 마주친다.

"여권 좀 볼 수 있을까요?"

유창한 영어실력의 그가 건넨 질문은 다름 아닌 여권이었다. 기차역에서 침낭을 펴고 잠을 잘 사람이 어떤 이인가에 대해 묻는 기본 중의 기본. 여권을 보더니 고개를 끄덕이곤 사무실로 돌아간다. 별말이 없다는 건 머물러도 된다는 무언의 표시인 셈. 어디가 마지막일지, 어디에서 눈을 감을지 모르는 불확실한 삶이다. 여행이 다 그렇고 일상이 그렇다.

정신을 차리고 보니 아스라이 동이 터 오르는 새벽, 아무도 없던 대합실에 한두 명씩 오가기 시작하고, 종국엔 내가 누워 있던 자리마저 내줘야 하는 상황까지 오게 되었다.

깔끔하게 양치라는 걸 하고 나오니 어제 내렸던 정류장에 버스 몇 대가 서 있었다. 그중 한 대가 울란바토르로 가는 거라면, 다른 한 대는 뭘까. 혹시나 해서 물어보니 예상대로 러시아 국경도시인 캬흐타까지 가는 버스라고 했다. 나름대로 큰 도시 축에 속하는 수흐바타르에서 나라 밖으로 가는 버스가 없을 리가 없다. 30분 뒤에 출발한다는 말에 냉큼 오르니 몽골 아줌마 군단이 나를 맞이한다. 앞쪽에서 대뜸 환전하라고 하던 환전상과 사람보다 큰 보따리를 이고 온 보따리장수들. 세상에서 두 번째로 요란하다고 해도 믿을 국경버스와의 조우는 그렇게 시작을 알렸다.

양말이나 장갑, 신발, 코트를 비롯한 여러 생필품을 지고 러시아로 가는 이들. 한국에서도 보던 풍경이긴 했다. 인천항을 출발해 배를

타고 중국 석도나 그 등지로 오가는 사람들을 몇 번 보긴 했었는데 육로 국경이 뚫린 몽골에서는 버스로 오가는구나. 급작스러운 계절의 변화에 방한용품을 하나도 준비하지 못했던 터라 장갑이나 양말의 가격을 물어보니 이내 쉬쉬하기 시작한다. 왜 그런가 하고 보니 러시아에 가서 사라는 눈치. 확실히 러시아에서 팔았을 때의 수익이 더 큰 모양이다. 알겠다는 말과 함께 버스는 출발하고, 30분이 채 안 되는 시간에 국경에 닿을 수 있었다.

버스는 문이 열리고 운전기사는 멀어져만 가지만, 하늘에서 뚝 떨어진 것보다 더한 공황에 휩싸인 외국인은 그 어느 것도 알지 못한다. 몽골 측 출입국이 이곳인지 아닌지, 몽골 사람을 제외한 외국인만 도장을 찍어야 하는지 마는지. 출국도장을 찍지 못해 돌아가야 했다던 여행자들의 이야기를 들은 적이 있다. 정신을 바짝 차려야 한다. 낙오자가 될 수는 없다. 사람들을 붙잡고 보디랭귀지로 대뜸 말을 걸어본다. "히얼, 패스포트, 스탬프 쾅쾅?" 영어는 못할지라도 의미와 문맥만 상통하면 될 일 아니겠는가. 보따리상 군단이 동요가 없는 걸 보니 아직은 아닌 모양, 버스는 이내 움직이더니 모두 내리라는 신호를 건넨다. 몽골과의 이별. 그 끝은 새치기를 일삼는 보따리상 군단과 함께였지만 이마저도 정겹게 다가온다. 심사를 빨리 받기 위해 일사불란하게 서는 모습이 한국과 꽤나 비슷해 보이지 않던가. 언젠가 몽골을 회상할 때면 그때 그들을 같이 떠올리지 않을까 싶다.

25

러시아 이르쿠츠크

:

아대륙의 중앙에 서서 유로파를 외칩니다

1. 10월 초의 이르쿠츠크는 한겨울을 연상케 하듯 함박눈이 내리었다. 불쑥하고 다가온 겨울을 대비하지 못한 나는 얇은 플리스에 크록스 신발을 신고 오들오들 떨어야 했다. 언제나 나는 그랬다. 다가오는 겨울은 생각 않고 늑장을 부리다 홀로 남겨진 베짱이처럼. 불똥이 발에 떨어지고 나서야 겨우 몸을 일으키길 반복했다. 숙소로 가는 길이 미끄럽다는 걸 체감하고 나서야, 신발 속으로 눈이 들어가 발이 시리다는 걸 인지하고 나서야. 그러지 않고서는 그 어느 것도 알지 못하는 삼류였다.

2. 시베리아의 파리라는 별칭에 걸맞게 로데오 거리에 놓인 에펠탑이 꽤나 우습게 느껴진다. 옛 러시아 느낌의 목재바닥으로 된 덜컹이는 전차와 완연한 유럽도, 아시아도 아닌 제7의 대륙 '러시아'식 건물에 비하면 에펠탑 또한 삼류였다. 아대륙의 중앙에 올라 유로파를 외친다 한들, 이르쿠츠크는 그저 러시아일 뿐이다.

3. 아대륙의 중앙에 올라 유로파를 외친다라. 그러고 보면 이전에 잠시 머물렀던 도시, 울란우데도 그랬다. 버스에서 본 부랴트인을 보고 한국인인가 싶어 말을 걸까 했던 그런 도시. 슬라브계 소녀와 부랴트계 소녀가 같은 가방을 메고 세상 밝은 표정으로 학교 밖으로 나오는 모습을 보고 울란우데만큼 여타 나라나 도시보다 이질적인 곳이 있을까 싶었다. 구 사회주의의 심장답게 인종에 상관없이 모두가 평등했던가.

나는 그렇다고 답하고 싶다. 오늘도 나는 상상의 도화지에 상상의 물감을 뿌리기로 했다.

26

시베리아 횡단열차,
3박 4일의 기록

3박 4일을 달려야 하는 여정. 시간대가 다섯 번이나 바뀐다는 말은 크게 와닿지 않는다. 또 다른 말을 해 볼까. 무궁화호보다 못한 속도로 5000여 km를 달려야 한다는 것. 여러모로 현실감이 떨어지는 말들이다. 더욱이 한국 밖으로 벗어나지 않았더라면 더더욱 그랬을 것이다.

첫날 밤이 지나고 아침을 맞았다. 바깥 풍경은 여전히 전과 다르지 않다. 그저 해가 떠 있느냐, 달이 있느냐의 차이일 뿐이다. 눈 쌓인 벌판에 우거진 숲이 있다거나, 듬성듬성 나무가 자라 있다는 건 전과 다르지 않다. 큰 도시에 멈춰 서거나 이전에 지나간 바이칼 호수가 모습을 드러내지 않는 이상 이는 3박 4일간 계속될 것이다.

간밤에 밤잠을 설친 건 짐을 뺏길까 하는 두려움이 아닌, 순전히 문때문이었다. 티켓을 이틀 전에 예약한 데다 가장 저렴한 티켓을 손에넣었는데, 그것이 고스란히 화근이 되어 내게 돌아왔다. 세계 문을 닫아야 직성이 풀리는 러시아인의 잘못인가, 아니면 싼 맛에 문 앞자리를 고른 나의 잘못인가. 덕분에 나는 6호차 맨 끝에 있는 Kang의

자리로 피신을 와야 했다. 세상의 끝 19호차에서 또 다른 세상의 끝 6
호차로 가는 건 여간 힘든 일이 아니었지만 그마저도 내겐 중요하지
않았다.

기차는 한 번 멈춰 설 때마다 10분에서 15분씩, 많게는 40분씩 멈춰
서곤 했다. 멈출 때마다 나는 매점을 들르고, Kang은 담배를 태웠다.
오랜 기다림 끝에 태우는 담배가 얼마나 감미로운지, 나는 어른이 되
어서야 알았다. 때에 따라 태우는 담배도, 기분에 따라 태우는 담배
도 다르다는 것을. 나는 오랜 시간이 흘러서야 Kang을 이해할 수 있
었다.

이곳에서 먹을 수 있는 음식은 극히 제한적이었다. 식당칸이 있다고
해도 이용하는 이는 드물었다. 음식의 질이 안 좋거나, 가격이 현저
히 비싸거나. 우리에게 주어진 건 언제나 컵라면이었다. 한국에서 사
라져 가는 도시락 라면이 러시아에서 불티나게 팔릴 거라고 상상이
나 했을까. 마땅히 먹을 게 없는 우리에게 도시락은 구세주였다. 하
지만 이 또한 딱 이틀 가더라. 빈약하게 빵으로 연명하지 않아도 됨
을 알면서도 금방 물려 버린 건 사람의 욕심인 걸까. 서쪽으로 가면
서 보이던 새로운 갈색 도시락 앞에서도 환호성을 치다 이내 실망을
보이고 말았다. 하루라도 빨리 모스크바에 닿아 인간다운 식사를 하
는 것. 나와 Kang 모두 같은 바람이었다.

6호차에 머무는 외국인은 중국인 A를 포함해 3명이었다. 그녀는 나
를 이르쿠츠크역에서 봤다고 했고 나 또한 본 기억이 나 승강장에서
봤다고 답했다. A는 나와 마주칠 때마다 폭소하는 듯한 표정을 지었
는데, 세상의 끝 6호차에서 건너온 내 모습이 그렇게도 고단해 보였
던 걸까. 아니면 다른 이유라도 있었던 걸까.

나흘 가까운 시간을 함께하다 보니 Kang은 아버지가 되었고 A는 오래전부터 알고 지낸 친구처럼 익숙해졌다. 중국을 여행할 때 찍은 사진이나 한류를 논하며 '송종지(중국에서 인기리에 방영된 〈태양의 후예〉 배우 송중기의 중국식 발음)'에 열광하는 가십거리들은 예전 같지 않게 무덤덤하다. 외국인보다도 K-POP을 모르고 드라마를 안 보는데 어떤 이야기를 나눌 수 있을까. 모두가 열광하는 '송종지'와 나는 같은 언어를 사용한다는 공통점밖에 없는데 말이다.

다섯 번의 시간대를 뛰어넘어 기차는 모스크바에 닿는다. 이르쿠츠크에서 만난 커플에게서 온 새벽 이른 연락에 당황하면서도 거긴 벌써 아침이겠구나 하는 생각에 고개를 끄덕인다. A는 마중 온 차량으로 간 지 오래, 상트페테르부르크로 가는 Kang과도 작별해야 한다. 시간이 하염없이 흐르기만 바랐던 지난날을 뒤로하고 돌아온 현실을 마주해야 하는데, 어쩌면 기차 안에서의 시간이 더 나았을지도 모른다. 때가 되면 밥을 먹고 때가 되면 잠을 자는, 기분에 따라 영화를 보고 책을 읽다 창밖이 보고 싶을 땐 하염없이 바라보는 여유로운 삶. 하지만 이제는 내가 무엇을 보고 싶어 하는지, 무엇을 하고 싶어 하는지 찾아 나서야 한다. 어디서 자야 할지 어디서 무엇을 봐야 하는지 모름에도 불구하고 나는 무에서 유를 찾는 심정으로 우물을 파야만 했다.

27

러시아 모스크바

⋮

무슨 수를 써서라도 나는 버스를 타야 했다

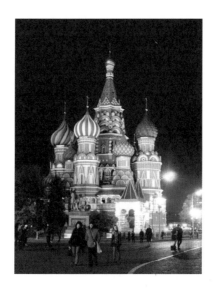

소문을 듣고 찾아간 김치찌개집, 저녁시간에 맞춰 오기로 한 상호는
여전히 오지 않고 있다. 우크라이나로 가는 버스는 당장 한 시간 뒤
에 출발하는데, 정작 나는 터미널과는 거리가 먼 곳에서 겨우 발걸음
을 떼고 있다. 이대로 지하철을 탔다간 보기 좋게 늦어 버린다. 하지

만 나는 지하철역까지 가야 한다. 조급한 마음에 지도만 열심히 들여다보지만 별달리 뾰족한 수가 나오지 않는다. 택시조차도 다니지 않는 작은 길에서 할 수 있는 유일한 건 히치하이킹, 하지만 이마저도 도박과 같다. 시간 내에 터미널에 가야 한다는 절실함, 뒤로 멘 배낭이 보여 줄 업보의 무게. 그 모든 걸 이해하고 공감할 이가 차를 멈춰 세울 것이다.

미간은 살짝 찌푸린 채로 울상인 표정을 짓고 히치하이킹을 뜻하는 엄지손가락을 치켜세운다. 터미널까지는 아니더라도 근접한 역까지는 가야 한다는 거다. 6호선의 프로프소유즈나야역. 이름조차 제대로 외우기 힘든 역 이름이 뇌리 속에 박혀 하염없이 외쳐 댈 뿐이다. 그러곤 멈춰 선 한 대의 차. 우연이라 해도 좋고 인연이라 해도 좋을 만큼 차는 프로프소유즈나야역에 멈춰 섰고 터미널에는 20분 전에 도착할 수 있었다.

키예프로 가는 버스를 찾는 건 그리 어려운 일은 아니었다. 회색의 낡은 버스는 누가 봐도 키예프행임을 말해 주고 있었기 때문이다. 하

지만 창구 앞에 길게 늘어선 줄, 그마저도 줄을 잘못 선 바람에 또다시 줄을 서야 했다. 버스는 당장 3분 뒤에 출발한다. 최대한 절실한 표정으로 창구 맨 앞으로 가자. 히치하이킹을 할 때부터 이미 깔았던 철판이기 때문에 모든 건 안하무인이다. 통하지 않는 언어라도 간절히만 원하면 온 우주가 나서서 도와준다고 하지 않았던가. 이제 여권만 건네주면 그간의 긴박함이 끝이 난다. 버스에 앉아 잠을 잘 생각으로 들떠 있는데, 내 귀로는 도통 알아들을 수 없는 러시아어가 비수가 되어 꽂히기 시작한다.

"!@$#$##!~#$%#@!#@$"

어떻게 해야 할지 몰라 발만 동동 구르고 있는데, 뒤에 있던 영어를 쓸 줄 아는 이가 와서는 대신 이야기해 준다. 티켓이 담긴 예약페이지를 보여 달라고. 평소 같았으면 페이지를 캡처라도 해 뒀을 텐데, 그마저도 하지 않은 건 지나치게 방심했던 탓이다. 혹시나 싶어 이메일 창을 열어 보니 다행히 예약번호가 그대로 담긴 페이지가 남아 있더라.

버스는 떠나지 않았다. 절박함 가득 담긴 내 표정이 버스를 멈춰 세운 거다. 숨을 고르고 밖을 보니 그제야 들어오는 주변 풍경. 고속도로, 어둠. 배낭은 트렁크 밑에서 깊은 숙면을 취하고 있다. 이제 나도 그와 같이 숙면을 취할 때가 오게 된 걸까.

국경에 닿은 건 아침 무렵이었다. 벨라루스와 함께 세 나라가 맞닿은 국경이지만 보이는 차라곤 버스 한 대뿐이었다. 출입신고서를 받고 배낭을 챙겨 출국심사를 받는 일. 이젠 익숙하다 못해 일상적이다. 중국에서 우크라이나로 오기까지 두어 번의 국경을 넘었다. 무엇이 문제냐 하는 식으로 초연한 나는 그저 피곤함에 절어 있을 뿐이다. 해 봤자 이 길을 통해 몇 명의 한국인이 넘어갔을까 하는 생각. 분홍색 출국도장이 찍히고 입국도장을 받기 위해 여권을 수거해 간다. 이또한 아무렇지도 않아 잠잘 생각으로 들떠 있었는데, 사무소에서 급히 찾는다는 얘기를 들었다.

"당신은 비자 없이 우크라이나에 들어올 수 없습니다."

뚱딴지 같은 소리인가 싶어 재차 되물었다. 비자 없이도 갈 수 있다는 걸 뻔히 알고 있는데 이제 와서 들어갈 수 없다니. 사무소에서 하는 말로는 북한은 이제 비자 없이는 입국할 수 없는데, 남한도 마찬가지 않느냐는 거다. 은연중에 북한에 관한 이야기를 들은 적은 있었다. 하지만 지나가는 뉴스처럼 접한 얘기라 크게 개의치 않았다. 한국인이 오갈 리 만무한 허름한 국경이니 충분히 그럴 만도 하겠지만, 그럴수록 무비자로 더더욱 몰아붙여야 한다. 규정이 잔뜩 적힌 책을 넘겨 보더니 급기야 높은 사람을 부르기에 이른다. 일이 더 커지는 듯한 느낌. 하지만 영어가 잘 통하는 그와 몇 마디 나누니 모든건 일사천리로 끝이 났다.

"규정이 바뀐 지 얼마 지나지 않아 착오가 있었던 거 같습니다."

아침을 지나 점심이 되어 갈 무렵에 버스는 키예프에 닿았다. 모스크바만큼이나 번화하고 러시아만큼이나 유럽이라 칭하기 애매한 그런 도시. 이곳에서 나는 일주일을 머물기로 했다.

28

우크라이나 키예프
:
평범하나 평범하지 않은 도시에서의 일일

동구라파의 최동단에 서서 유로파를 외칩니다. 그리고 이제 3주 정도 지나면 유럽의 중심부쯤에 가 있지 않을까 싶네요. 여행을 시작한 지 56일, 네 번째 나라 우크라이나에 접어들었습니다. 장모님의 나라, 비둘기조차도 예쁜 나라 등 말들은 많다만 실제 우크라이나 비둘기들은 한국의 것과 같이 푸드덕거린답니다. 보통 SNS에서는 비행기 사진과 여권까지 꺼내 들며 꼭 한 번쯤은 가자며 열을 올리던 나

라인데, 어쩌다 보니 저는 이곳까지 오게 되었네요.

이곳 역시 유럽의 여느 국가 못지않게 오래된 건물들과 성당으로 분위기를 한껏 고조시킵니다. 우리가 그토록 동경해 오던 유럽, 하지만 유럽보다는 아직 러시아의 연장선에 가까워 보입니다. 러시아 사람이나, 우크라이나 사람이나. 러시아 건물양식이나, 우크라이나의 것이나. 일반적인 유럽인들이 아시아인을 보고 한국인인지, 중국인인지 구별하지 못하는 것처럼 말이죠. 같은 키릴문자를 사용하지만 우크라이나어의 알파벳엔 러시아의 것과 다른 문자가 보인다는 것. 그외에 별다른 차이점을 찾지 못한다면, 제가 아직 우크라이나라는 나라에 대해 한참은 모른다는 거겠죠.

2014년 초, 우크라이나의 유럽연합 가입을 열망한 시민들과 친러파였던 정부 간의 무력충돌로 많은 이들이 죽음을 맞은 독립광장에는 그들의 숭고한 희생을 기리는 추모열기와 다시금 찾아온 평화, 그리고 그 산통이라도 깨겠다는 듯 죄 없는 새로 하여금 뭇 여행자들의 소소한 금전을 뜯어내려는 이들로 장사진을 이룹니다. 그래도 크게 걱정하지는 마세요. 피하는 시늉이라도 하면 알아서 돌아갈 테니까요. 인형 탈을 쓴 이도 마찬가지랍니다. 의심되면, 일단 피하고 보는 게 좋습니다. 저는 늘상 그래 왔으니까요.

우크라이나의 지하철 이용권은 아마 유럽에서 가장 저렴한 수준일 거라고, 카우치서핑 호스트 파블로는 말합니다. 4흐리브냐. 한화로 180원 정도밖에 안 되다 보니, 아시아권에서 저렴한 축에 속하는 인도 뉴델리의 것과도 별 차이가 나지 않습니다. 이 정도면 말을 다 하고도 남을 정도겠죠. 또한 러시아와 같이 여기 우크라이나도 에스컬레이터를 타고 한참을 내려가야 겨우 승강장이 보인답니다. 아무래도 구소련의 잔재와 사회주의의 영향이겠죠. 깊이에 비례하는 에스컬레이터의 속도나, 세상 안 멈출 것처럼 달려오다 어느 순간 덜컹하고 정차하는 지하철을 보면 박수가 절로 나옵니다. 보기에는 30년은 족히 되어 금방이라도 망가질 것 같은데, 그래도 한 가지 다행인건 여긴 영어라도 몇 자 적혀 있네요.

혹자는 동남아 가격으로 즐기는 유럽이라고 말합니다. 저 같은 경우도 최근 들어 지출을 1만 원 이상 해 본 적이 없습니다. 많이 써 봐야 하루에 9천 원, 평균적으로는 6천 원. 워낙에 제가 돈을 아끼는 것도 한몫하겠지만, 어떻게 그게 되더라고요. 말이 안 되리만큼, 그래서 그런지 키예프 시내엔 거리마다 환전소가 성업 중이에요. 최근 들어 흐리브냐화가 폭락해 1/3 가격까지 떨어지다 보니, 아무래도 달러나 유로 같은 국제통화나 안정통화의 필요성이 대두되나 봐요. 어쩔 수 없이.

K-POP의 열기가 뜨거워요. 물론 이곳도 대중적인 열기가 아닌 지극히 일부의 이야기겠지만, 덕분에 연예인 아닌 연예인 대접을 받기도 했답니다. 독립광장에 앉아 잠시 쉬고 있었는데, 한 여학생 무리가 제게 오더니 한국 사람이냐며 물어보더군요. 한국 사람이라고 했더니 신기하다는 감탄과 함께 열댓 명은 되어 보이는 무리가 주위를 둘러싸더라고요. 그중에 하나가 묻데요, 한국말 할 줄 아냐고요. 당연히 할 줄 안다고 했죠. 저도 틴에이저는 무서우니까요. 그래서 가장 기본적이면서도, 한국어를 아주 조금이라도 배웠다면 알 수 있는 말과 그냥 아무 말 몇 마디를 했어요. 지금 당장 생각나는 두서없는 말. 어차피 이들은 알아듣지 못할 그럴듯한 한국말. 그러자 감탄과 함께 연신 박수를 치더군요.

일단 유명해져라. 그러면 똥을 싸도 사람들이 박수를 칠 것이다.

앤디 워홀의 명언이 불현듯 생각나네요. 지금 내가 뭐하는 짓인지. 그러곤 계속 기념사진 촬영이 이어졌어요. 물론 저도 우크라이나는 처음이라 사진을 같이 나눠 받았지만 말이죠. 대한민국 사회에서 20대로 살면서 요즘 아이돌이 누구고 어떤 노래가 나오는지 모름에도 이들 대신 인기를 가져간다는 게 조금 얌체 짓 같긴 했지만, 여러모로 신기했어요. 그만큼 한국의 위신이 그리 낮지만은 않다는 생각에, 뿌듯하더라고요.

한 가지 더 추가할게요. 키예프에 온다면 꼭 한 번쯤은 발레공연을 보러 오세요. 명당자리는 아니지만 3층이라도 꽤나 잘 보이는 자리가 4천 원이라는 말에 의구심을 품긴 했었는데, 생각지도 못한 공연의 퀄리티에 한 번 놀랐고, 방금 내고 온 티켓값이 생각나 다시 한번 놀랐어요. 발레라곤 발레파킹밖에 모르던 저였는데, 절로 입이 벌어지고 절로 박수가 나오더라고요. 우크라이나 최고의 공연이라 함은 세계 최고의 공연이라는 말과 같다던데, 잠시나마 근대 유럽 귀족의 감상평이 이랬겠구나 하는 생각이 들더군요. 이럴 줄 알았으면 수 세기 전에나 쓰던 망원경이라도 쓰고 볼 걸 그랬나 보네요.

29

우크라이나 리비우
:
2010년 그리고 2016년

심적으로 그리 편안치만은 않은 나날이 이어졌다. 사실 지금 시기에 편안해할 사람이 누가 있겠나 싶다. 한국과의 시차가 6시간 정도인 덕분에 나는 매일 아침이면 물밀려 오듯 하루가 다르게 쌓여 가는 정치권 소식들을 내려 봐야 했다. 이틀 전 아침이었을 거다. 대통령이 고개를 숙인(이 또한 매우 형식적으로 1분 35초간의 말만을 남긴) 동시에 탄핵과 하야와 같은 단어들이 검색창을 뒤덮었고 그다음 날 아침이 되자 하야를 외치던 청년들이 경찰에 연행되었다.

혹자는 이렇게 말할 수도 있다. 이상을 추구하러 떠난 여행 앞에서 왜 현실을 바라보고 있냐고. 마음 같아서야 여행에 집중하고 싶다만 그럴 수 없는 게… 이역만리 우크라이나에선 할 수 있는 게 아무것도 없으니 실시간으로 올라오는 소식이라도 챙겨 볼 수밖에 없는 것이다.

그런 와중에 나는 밤기차를 타고 8시간을 달려 우크라이나 서부에 있는 리비우에 도착했다. 1930년대만 해도 폴란드의 영토였던 탓에 어느 정도의 '유럽 느낌'이 난다는 이곳. 카페에서 2시간 반을 버티다 아침을 맞았다.

어릴 때부터 나는 유럽에 대한 환상을 가지고 있었다. 어쩌면 내가 나가 보지 못한, 부모는 그저 "대학생이 되면"이라는 말로 일관하던 해외 그 자체를 동경해 오고 있었던 건지도 모르겠다. 잊고 싶은 기억 중 하나로 수업시간에 해외 여행에 관해 이야기하는 친구에게 엿을 날린 것도 바로 그런 이유였을까.

지금으로부터 고작 몇 해도 채 안 된 일이지만, 아직은 덜 성숙된 나에겐 꽤나 신선한 충격으로 다가온 말. 여름방학 때 쟤넨 태국도 갔다 오고 코끼리도 타고 그랬다던데.

그런데 우리 집은?

어디 가서 남부끄럽지 않다 여긴 가정에 대한 배신감이었다. 그 흔한 제주도도 못 가 보고 남들 초등학교 때 한 번쯤은 다 타 본다는 비행기도 타지 못한, 마음속 한편에 쌓아 두다 못해 내려앉은 서러움. 그럴 만한 이유야 다 있었겠지만. 철없던 그때의 나는 그저 못 가 본 곳에 대해 고집을 부렸을 뿐이었다.

이제야 꿰맞춰지는 퍼즐 조각이지만, 그때의 서러움이 지금의 세계여행으로 작용한 건 아니었을까. 소설과 시사적인 이야기가 담긴 책을 사 온 동생과 달리 가이드북을 사 온 나에게 그런 위험한 나라는 갈 생각도 하지 말라며 아버지께 한두 시간 넘게 꾸중을 들어야 했던 그런 나라, 중국을 지나 광활한 시베리아 그리고 이곳 유럽까지 말이다.

그러나 막상 유럽에 도착하고 나니 환상 속의 유럽은 사라지고 정적만 남아 담담해지더라. 이래도 되나 싶긴 했지만 지금의 나는 중학생

때의 내가 아닌, 어느 정도의 감정은 절제할 줄 아는 현재의 나였으니까. 환희에 가득 찬 목소리와는 동떨어진, 일관된 표정으로 거리를 걸을 뿐이었다.

스스로도 안타까움을 쉬이 숨길 수는 없었다. 이곳에서의 나는 여전히 현실을 걱정했고, 이상이라 여긴 이곳에서 쏟아지는 눈빛들을 향해 끊임없이 의심하고 이를 갈고 있었으니 말이다. 사진으로만 아름다운 곳이 아닌, 마음으로 느끼기에도 아름다운 여행지가 되어야 할 텐데, 여행이 끝나기까지 수개월 정도 남은 시점에서 나는 어느 정도 내려놓을 필요가 있다.

#30
유럽에서 히치하이킹으로 국경 넘기

아침을 해 먹겠다는 핑계로 느지막이 나오니 시간은 열두 시를 훨씬 지나 있었다. 차가 잡히지 않는 건 열두 시라는 늦은 시각에 나온 탓인지, 아니면 차가 잘 다니지 않은 곳에 자리를 잡은 탓인지. 히치위키로 보나 지도로 보나 이곳만큼 완벽한 장소는 없었다. 7번 전차의 종점. 폴란드 크라쿠프로 닿는 유일한 도로. 하지만 누가 봐도 여긴 시골 어귀로 향하는 여느 변방도로에 지나지 않았다.

'Krakow'라고 적힌 팻말이 운전자로 하여금 부담을 주는 모양이다. 몇백 km나 떨어진 목적지를 한 번에 가야 할 거라 생각할 수도 있겠다. 그도 그럴 게 낮 열두 시에 부산이라 적힌 팻말을 들고 서울 만남의 광장에 서 있는 것과 뭐가 다를까. 하지만 만남의 광장은 유동량이라도 많지 여긴 폴란드로 가는 차도, 심지어 파란 바탕에 노란 별 그려진 유럽연합기에 'PL'이라 적힌 차도 잘 다니지 않는다는 걸, 이제야 깨닫는다. 차라리 야간버스라도 탔더라면. 하지만 이내 'Polski'라 고쳐 쓰곤 다시 팻말을 흔들기에 이른다. 지나간 일에 대한 미련은 두지 않는 게 좋아. 크라쿠프까지 한 번에 가는 요행은 바라지도 않는다. 다만 국경 근처까지라도 갈 수 있다면, 하던 와중에 차가 한 대 멈춰 선다.

소원대로 국경 근처까지 간다는 커플. 이 커플 역시 히치하이킹으로 여행한 전력이 있다고 말했다. 국경까지라도 함께하게 된 건 같은 히치하이커로서 나의 사정을 누구보다도 잘 알고 있기 때문은 아니었을까. 누군가의 도움 없이는 단 한 발자국도 나아갈 수 없는 히치하이커의 특성상, 길 위에서 만나는 이들의 도움은 그 크기가 어떻든 지대한 영향이 되어 돌아온다. 폴란드로 가는 차를 직접 찾아 주기로 한 것 역시 외국에서의 히치하이킹이 서툰 나에 대한 연민은 아니었을까. 짧은 영어밖에 사용하지 못하는 외국인에게 현지 언어의 영향 또한 지대할 테니.

지나가는 차에게만 시도했던 이전의 소심한 나와는 달리, 커플은 멈춰 있는 차에게도 다가가 직접 도움을 요청하기도 했다. 한국과 서양의 문화 차이일 수도, 아니면 깡과 절박함의 차이일 수도 있다. 되짚어 보면 깡과 절박함은 전자가 지닐 덕목일 텐데, 어떠한 이유로 후자가 그를 지니고 있는 건가. 여하튼 커플의 도움으로 'PL'이 적힌 차를 타는 데는 성공했다. 국경을 넘어 바로 폴란드로 향하는 차. 폴란드로 가면 시차도 한 시간 늦어질 테니 시간도 충분할 거다. 이들이 크라쿠프까지 가진 않더라도 중간도시 제슈프까지는 무난하게 갈 수 있겠지. 제슈프로 간다면 기차나 버스를 타도 자정 안에는 도착할 거다. 하지만 문제는 예상치 못한, 그러나 충분히 예상했어야 할 곳에서 터지고 말았다.

비유럽연합 국가에서 유럽연합 국가로 넘어감이 이렇게나 까다롭다는 걸, 나는 예상해야 했다. 이전의 국경 넘기는 그저 A 국가에서 B 국가로 넘어가는 수준에 지나지 않았던가. 그런 이유로 중국에서 몽골로 넘어갈 때, 러시아에서 우크라이나로 넘어갈 때는 형식적인 짐 검사나 여권 검사만 했을 뿐 까다로운 절차들을 시행하지 않았다. 하지만 우크라이나와 폴란드 간의 국경은 그 의미가 달랐다. 단순히 A 국가에서 B 국가 수준이 아닌, B 대륙 간의 경계라고 봐도 무방하지 않는가. 폴란드로의 입국을 허용한다는 건 프랑스나 독일, 스페인 같은 여타 서방 국가로의 출입을 허용한다는 뜻이었다. 더군다나 유럽 각지에서 파리 테러와 같은 사건사고가 빈번하게 일어나는 시기였던 만큼, '유럽연합'의 최전방은 한국의 군사분계선 이남지역에 준하는 정도로 예민할 수밖에 없는 거였다.

시간이 흐르면 흐를수록 운전자와는 더 이상 이야기할 소재조차 고갈되어 어색한 기류만 감돌았다. 어디에서 왔으며 어디를 여행했고 어디를 여행할 것이며 어떻게 여행자금을 모아 떠나왔는지. 또한 상대방은 어떠한 연유로 우크라이나에서 폴란드로 돌아가며 어떤 삶을 살고 있는 사람들인지. 내 짧은 영어로 할 수 있는, 지극히 당연하면서도 궁금해서 꼭 한 번은 물어보고 싶은 형식적인 이야기들. 그렇게 대화가 끝나고 서너 시간이 지나면 운전자와 조수석, 그리고 내가 타 있는 뒷좌석은 이미 분리되어 있는, 두 개의 세계관만이 공존할 뿐이다. 완연한 폴란드와 완연한 한국. 핸드폰 속에 비춰진 한국은 시차나 주변 환경을 완벽하게 잊게 만든다. 마치 이전부터 한국에 머물렀던 것처럼. 세계 여행을 한다거나 국경을 넘는다와 같은 현실성 부족한 상황도 완벽하게 잊힌다는 거다.

폴란드에 들어서자 아우토반이라 해도 좋은 고속도로가 모습을 드러낸다. 1km 남짓 되는 국경을 통과하면서 다섯 시간 가까이 보내야 하지 않았던가. 그에 따른 보상이라면 만족하지 않을 수가 없다. 끝이 어딘지 가늠할 수 없는 차들의 행렬, 그리고 내 뒤로도 다시 줄을 이었던 차들의 행렬. 입국심사를 할 때쯤이 되어서야 갖고 있던 고기류와 유제품을 해치우던 옆 레인 남자. 그 끝엔 땅거미가 내려앉은 폴란드의 이른 겨울밤이 있었다. 더 이상 힘을 발휘하지 못하는 우크라이나 유심과 오늘의 마지막 히치하이킹을 하고 있는 지금, 나는 차에 탄 이들과 중대한 결정을 내려야 한다. 차는 크라쿠프에 가지 않는다. 이는 우크라이나에서 차를 탈 때부터 알고 있던 사실이었다. 제슈프에서 다른 교통수단을 타고 밤늦게라도 크라쿠프에 가는 것. 지금의 내가 구상할 수 있는 가장 현실적이며 모범적인 방안이었다. 하지만 이마저도 고개를 내저은 운전자인 조안나와 그의 남동생은 한 가지 제안을 했다. 자신의 집에서 하루를 머문 다음 날이 밝는 대로 가까운 도시인 키엘체에 내려 주겠다는 것.

조안나의 딸은 서툰 발음으로 "헬로 원재"라며 인사를 건넸고, 나는 감동했다. 예정되어 있지 않은, 그것도 한국이라는 먼 나라에서 온 히치하이커의 방문이라. 오늘 저녁이 되어서야 성사된 갑작스러운 방문에도 조안나의 가족들은 나를 반갑게 맞아 주었다. 그들과 함께

한 저녁, 그들과 나눈 이야기, 폴란드만의 집밥, 'Tag(Yes를 뜻하는 폴란드어)'이 오가는 폴란드만의 대화. 대화는 보통 조안나와 이루어졌다. 정확하게 말하자면 미국인과 결혼해 미국 국적을 가진 조안나의 통역으로 이루어진 대화였다. 조안나의 남동생과 어머니는 영어에 능통하지 않았고, 나는 폴란드어를 단 한마디도 구사하지 못했으니. 그럼에도 대화가 오랫동안 지속될 수 있었던 건 나와, 내가 태어나고 자랐던 나라 한국에 대해 이것저것 물어봐 주었던 조안나의 노력 덕분은 아니었을까. 그가 없었더라면, 말수가 적고 다른 사람의 이야기를 들어 주기에 익숙했던 나는 연신 고개만 끄덕이고 있었을 게 분명했다. 아니면 정적만이 남아 차가운 기류에 그를 띄웠겠지.

폴란드의 시골 풍경은 제주도를 연상케 했다. 폴란드의 11월과 제주도의 1월. 벼보다는 겨울작물이 많이 자라 마치 여름이라도 된 듯 푸름의 연속이었던 그런 풍경. 외려 제주도의 여름은 작물이 많이 자라지 않아 덩그러니 흙밭만 남지 않았던가. 폴란드의 여름은 제주도의 것과는 많이 다를 거다. 다만 폴란드와 제주도의 겨울이 비슷했듯 여름도 그와 엇비슷할 거라 추측만 할 뿐이다. 차는 한 시간여를 달려 키엘체에 닿는다. 도심에서도 외곽에 있던 기차역, 그리고 세련된 기차. 그 끝엔 제7의 대륙 러시아만의 양식에서 벗어난 유럽이 있었다.

31

오시비엥침, 아우슈비츠

1. 언제부턴가 사람들에게 말을 걸고, 대화를 이어 나가는 것에 큰 흥미를 느끼지 못하기 시작했다. 똑같은 주제, 똑같은 대화. "고등학교만 졸업하고 여행 중이예요"라는 말과 "한국 군대는 1년하고도 9개월이예요"라는 말을 열댓 번은 반복하다 보니 사람에 대해서는 더 이상 설레거나, 기대감을 갖지 않게 되었다. 실없이 핸드폰을 만지작거리거나 한국 예능프로그램이나 보며 깔깔댈 바에는 본업인 글이라도 쓰도록 하자.

2. 오시비엥침(Oświęcim)을 독일어로 하면 아우슈비츠(Auschwitz).
세계사 책에서 한 번쯤은 봤을, 우리에게도 익숙한 아우슈비츠가 된다. 이번 여행 중에 아우슈비츠에 가게 될 거라곤 생각하지 않았다. 애초에 폴란드 자체가 여행계획 자체에 없었으니 예상이나 했을까. 지금 이맘때쯤이면 우크라이나에서도 더 밑 동네인 몰도바에 있어야 했다. 원래는 여행 전부터도 어떻게든 몰도바는 꼭 가자 그랬었는데, 구소련 때부터 이어져 온 러시아적 유물과 차갑기만 한 그들의 표정, 통하지 않는 영어에 열을 올리는 부질없는 내 모습에 지쳤다고 해야 할까. 아직 가 보지도, 정보조차도 드문 나라를 단지 추측만으로 단정 짓는 건 꽤나 위험한 행동이다. 하지만 옆에 천국이 있음을 빤히 알면서도 가시밭에 뒹구는 일 또한 꽤나 아둔한 행동은 아닐까. 다음을 위하여, 유럽에 대해 좀 더 깊숙하게 알게 될 그때를 위하여 남겨 두는 걸로 하자.

3. 크라쿠프역 앞 터미널에서 버스를 타면 수용소 바로 앞에 내려 준다. 가이드 투어로 하려면 소정의 금액을 더 지불해야 되지만 입장료는 무료. 그래도 티켓은 물론 철저한 보안검색까지 다 거쳐야 한다는 것. 이곳에서 억울한 죽음을 맞이한 이들을 기억하고 추모하기 위한 방침이리라.

4. ARBEIT MACHT FREI.
노동이 너희를 자유롭게 하리라.
유럽 각지에서 모여든 수용자들이 보게 됐을 첫 번째 문구. 자유 따위 하나 없는 이곳에서 저 문구는 독일 나치의 기만에 불과하다.

5. 자세히 보면 B의 아랫부분이 작게 만들어진 것을 볼 수 있다. 이는 독일 나치에 반기를 든 수용자들이 소극적으로밖에 할 수 없었던 반항이라고 하더라. 지금이야 이렇게 사람들이 모여드는 관광지가 되었지만 1940년대만 해도 어떤 모습이었을지…….

6. 상식적으로 말이 안 되는 이야기가 뒤섞여 지난날의 이곳이 만들어졌다. 600만 명이 넘는 유대인을 비롯한 소련군 포로, 집시, 동성애자 등에게 게르만 우월주의를 명목으로 학살과 강제노동, 생체실험과 같은 만행들이 이루어진 곳. 더불어 2차 세계대전 당시 영상을 보는데 보는 내내 소름이 돋더라. 연설하는 히틀러의 모습과 일제히 거수경례를 하는 지난날의 독일인들.

7. 하지만 이게 비단 과거의 일이라고 말할 수 있을까?

8. 멀리 갈 필요도 없다. 전 세계 그 어디도 아닌, 우리가 살고 있는 서울에서 불과 200km도 떨어지지 않은 곳에서 강제노동과 학살과 같은 인권유린이 일어나고 있다는 것. 절대 권력을 거머쥔 독재

자 그리고 현대사의 시작과 동시에 이어져 온 선동과 세뇌.

9. 북한에 관한 이야기다. 평양과 함흥, 그 중간쯤에 있는 요덕수용
   소에서는 현재까지도 지난날의 아우슈비츠와 똑같은 일들이 자
   행되고 있다. 하지만 그럼에도 불구하고 실질적으로 와닿는 느낌
   을 받지 못하는 건 '갈 수 없는 땅'이라는 심리적인 거리감 때문이
   겠지.

10. 하지만 그럼에도 불구하고 아우슈비츠가 더욱이 와닿는 건 36년
    간 일본에 의해 식민 지배를 받아 온 역사 때문은 아닐까. 관동 대
    학살이나 위안부, 강제징용 등 핍박의 역사 속에 있었던 건 비단
    유대인뿐만이 아니었으니.

11. 모두가 미쳐 있었던 제국주의 시대. 하지만 나치에 관련된 모든
    것들을 청산하는 등 그에 따른 책임을 지는 독일. 실제로 독일의
    메르켈 총리는 매년마다 아우슈비츠를 찾는다고 하더라.

12. 언젠가 한국과 일본이 공동으로 교과서를 만들고 북한의 독재정
    권이 한발 물러나는 등 동북아시아에도 평화가 오지 않을까. 그러
    리라 믿고 싶다.

32

폴란드 자코파네

:

강 건너 슬로바키아, 국경이 뭔지

한국에서 오랜 기간 생활하다 보면 국경은 큰 장벽처럼 여겨진다. 아무리 저가항공사가 대중화되고 국외로의 출입이 잦아져도 지리, 역사적 배경상 오직 비행기나 배로밖에 국경을 넘을 수 없는 한국에서 다른 나라로 간다는 건 꽤나 큰일처럼 다가온다. 처음 두 발로 국경을 넘었던 때를 기억한다. 인도와 네팔이 만나는 소나울리가 그랬다. 도장 몇 번이면 금세 국경을 오갈 수 있는데, 나라가 바뀌어도 별달리 풍경이 바뀌지 않는다는 게, 오랜 시간 한국에서 지낸 내겐 신기한 구경거리였다. 이는 중국에서 폴란드로 넘어온 지금까지도 다를 바가 없다.

유럽 여행을 계획한 사람이라면 한 번쯤은 셍겐조약에 관해 들어 본적이 있을 것이다. 유럽연합에 가입된 국가 간에는 별다른 절차 없이 국경을 넘을 수 있는 조약. 마치 서울에서 경기도로 넘어가듯, 경상도에서 전라도로 넘어가듯 표지판 하나만이 경계를 말할 뿐 그 어느것도 국경을 말하지 않는다. 여기, 슬로바키아와 맞닿은 자코파네가 그렇다.

하천이라 말하기 민망한 개울은 나라 간의 국경을 의미한다. 한국의 여느 시 경계도 이토록 소박하지는 않을 거다. 그리고 그 사이를 잇는 다리. 이 또한 낡고 오래되어 부연설명을 덧붙이지 않으면 국경이라 말하기 어렵다. '슬로바키아'를 말하는 표지판도 마찬가지로 유럽연합을 뜻하는 파란 배경에 노란색 별들과, 자국 언어로 된 글씨. 그외엔 그 어느 것도 나라가 바뀜을 말하지 않는다. 하지만 그 너머엔 자국어로 된 간판과 유로화로 표시된 가격, 슬로바키아 국기 문양이 그려진 자국 번호판을 단 차들이 오가는데 정말이지 별세계에 온 듯한 다른 느낌을 준다.

유럽에서 국가 간의 경계는 여타 대륙과 다르게 모호하다. 장을 볼 때면 물가가 싼 나라에서 장을 봐 오고, 타국에 직장을 둔 이들은 매일 밤낮으로 타국과 자국을 오간다. 바뀌는 거라곤 오직 언어, 번호판이 다른 차들. 그 외엔 어떤 게 있을까. 약간의 문화 차이 정도. 하나의 연합으로 뭉쳐진 유럽을 보며 아시아권도 그를 따라가야 한다고 생각하지 않는다. 유럽만큼이나 국가 간의 경계가 가깝지도 않고, 문화적으로도 각각의 특색이 다른 만큼 상대적으로 이질감도 클 테니. 유럽을 여행하는 아시아인의 입장에서 그저 신기하다거나 하는 약간의 차이점으로밖에 다가올 수 없을 것이다.

#33

체코 프라하

:

그녀에게서 연락이 왔는지 나는 알지 못한다

어떠한 이유로 그녀를 만나게 되었는지, 알지 못한다. 나는 왜 그 장소에, 그녀는 왜 그 장소에 있었는가. 프라하에 갓 도착한 그녀가 코루나가 필요했던 것도, 유럽으로 넘어가는 내가 유로화가 필요했던 것도 단순한 우연은 아니었으리라. 시내의 번화한 거리였지만 나는 그저 수많은 여행자 중 한 명일 뿐이었다. 그럼에도 내게 다가온 건 단순한 우연은 아니었을 거다.

숙소가 가까운 덕분에 점심식사를 함께하게 된 것도 꽤나 자연스러웠다. 이렇다 할 이유도, 이렇다 할 일정도, 이렇다 할 대화거리도 없는 우리였지만 점심을 넘어 구시가지를 함께하게 된 것도 꽤나 자연스러웠다. 시진핑이 찾았다는 레스토랑에 간다거나, 트럼프가 대선에서 이겼다든가, 아니면 서로의 여행일정을 묻는 등 형식적이고 사소한 대화만이 오갔지만 이상하리만큼 나는 그 사람과 함께여야만 했다.

내가 다 그렇다. 이렇도록 말주변이 없는 나는 대화의 흐름에 몸만 맡길 뿐 대화를 이끌어 나가거나 하지 못한다. 상대방이 어떤 이야기

를 꺼내고, 대화를 할 때 어떤 표정을 짓는지 유심히 지켜만 볼 뿐 흐르는 강물에 노 없는 보트나 다름없다. 좋으면 좋다고도, 싫으면 싫다고도 말하지 않는다. 옷을 고를 땐 괜찮다고 말하고 어느 방향으로 가자고 할 때는 흔쾌히 가자고 말한다. '감정을 배제하자'고 생각하진 않지만 행동은 아주 자연스럽게 그리로 흘러간다. 인간 대 인간으로서, 아니면 남자로서 당연히 그래야만 하는 줄 알았으니까.

이제 나는 더 이상 그녀를 만나지 않는다. 우연이라는 명목이 힘을 다해 버렸기 때문이다. 시간의 흐름과 반복된 만남에 따른 자연스러운 결과, 이제 프라하 어딘가에서 그녀를 만난다면 그저 인사만 하고 지나칠 테다. 하지만 이곳에서 머문 일주일 동안 단 한 번도 만나지 못한 건 그녀가 이미 다른 지역으로 떠났거나, 아니면 우연이 또 다른 우연으로 탄생하지 않았거나. 이야깃거리가 없는 도시는 다음 장소를 야기하기 마련이다. 새로운 나라, 새로운 도시. 하지만 다른 동네를 가더라도 나는 이전과 같은 새로운 우연이 생길 거라고는 믿지 않는다.

오랜 시간이 흘러 위챗을 쓰지 않게 되었다. 여행은 끝이 났고 더 이상 여행하며 만났던 이들과 연락하지 않는다. 돌아온 일상에 적응해 내 앞에 놓인 현실에 지쳐 갈 뿐 여행에서의 일상은 소소한 추억거리에 지나지 않게 되었다.

그녀에게서 어떤 메시지가 왔는지 나는 알지 못한다.

#34

헝가리 부다페스트

:

부다페스트는 해가 질 무렵이 더 아름답다

어쩌면 무덤덤하게 지나칠지도 모르는, 그저 동유럽의 큰 도시에 불과한 부다페스트는 해가 지고 나서야 그 절정을 이뤄 낸다. 오후 세시 반과 네 시 반이 다르듯, 카메라와 눈으로 담을 수 있는 풍경들에서부터 극명한 차이를 안겨 준다.

이렇다 보니 4일 동안 머물면서도 낮 시간에 돌아다닌 건 단 3시간여에 불과하다. 사실 이런저런 고민들로 새벽까지 지새운 나날들과 야간버스가 한몫하긴 했지만, 부다페스트는 일단 밤 풍경이 진리였으니까.

전체적으로 은은함과 동시에 조화로움을 이루는 프라하의 야경에 비해 부다페스트는 어느 특정 건물들을 집어 부각시킨다. 나머지 건물은 까맣게 설정되어 잘 보이지도 않을 정도. 덕분에 프라하에 비해 더욱이 강한 인상이 남는 건 어느 정도 사실이다.

프라하를 순천의 선암사에 비유한다면 부다페스트는 송광사가 아닐까. 여성적인 면모가 강한 프라하에 비해 남성적인 면모가 강하다는 인상을 받은 게 이곳 부다페스트였다.

비가 갠 밤에는 야경 포인트보다는 일반적인 거리를 걷길 바란다. 평범하기 짝이 없는 거리에 입체감이 더해질 테니.

#35

크로아티아 자다르

⋮

당신에게 2016년은 어떤 해였나요

언제부터 그렇게 정치에 관심을 갖게 되었나. 그리고 나는 왜 프라하에서 피켓을 들고 1인 시위를 하게 되었나. 피켓을 만들고 있는 나를 보고 한 관광객이 이런 말을 하더라. "혹시 대한민국 사람 맞아요?" 구태여 한국이 아닌 '대한민국'이라는 표현을 쓴 걸 보면, 내가 또 다른 코리아에서 지령을 받고 '대한민국' 국민이 많은 곳으로 가 의도적으로 공작활동을 벌인다는 의심을 샀을 수도 있겠다. 내게 대한민국 사람이 맞냐고 물은 그는 나이 50줄에서 60줄 정도 되어 보이는, 단체로 등산복을 맞추고 패키지 관광을 온 중년 여성이었다.

공화당 트럼프 후보의 대통령 당선이라는 전 세계적인 이슈에도 불구하고, 한국은 그에 견줄 만큼 화제의 중심에 서 있었다. 고개를 숙인 박 대통령의 모습과 연행되는 비선실세의 모습이 연일 폴란드 뉴스 화면에 비친 것을 보면, 이미 전 세계 모든 외신들은 이를 주목하고 있음이 분명했다. 한국에서는 매 주말마다 촛불을 든 이들이 세종로와 그 일대를 가득 메웠고, 세계 각지에서도 한인 사회를 중심으로 촛불집회가 열렸다. 그러나 이를 회피라도 하겠다는 듯 박 대통령은 청와대 문을 걸어 잠그기에 이르렀고, 사람들의 분노는 커져만 갔다.

십 대의 대부분을 보수정권 아래에서 보내야 했던 우리 세대는 국가적 사건이나 이슈의 도마 위에 올라 있었다. 어떻게 보면 과도기일 수도 있겠다. 이전의 억눌린 사회의 지속이 시대적 사건으로 말미암아 곪아 터져 새로운 시대를 갈구하게 만드는. 이를테면 교육과정의 개정으로 체육이나 음악 같은 예체능 과목을 한 학년에 몰아서 수업한다든가, 국정교과서나 세월호 참사, 구의역 사고와 같은 사건의 중심엔 1990년대 후반 출생자들이 있지 않았던가. 박근혜 시대를 대표하는 유행어에는 '읍읍'이 있었다. 목소리를 내야 함이 맞으나 사회통념상 제대로 낼 수 없으니 우회적으로 말을 흐리며 '읍읍'이라는 표현으로 내는 것이다. '가만히 있으라'고는 하나, 마냥 가만히 있지만은 않는 이들의 시대. 박근혜 게이트에 대한 국민들의 분노는 단순히 박 대통령 개인에 대한 분노가 아니라, 보수의 이름을 내건 지난날의 강압적인 사회와 국민과의 소통이 완벽하게 단절된 정권에 대한 분노였다.

대한민국은 이제 새로운 국면을 맞았다. 새로운 국면을 맞은 대한민국의 행방은 국민들의 몫이 되었다. 그러나 먼 타지에 나와 있는 나는 그저 지켜만 볼 수밖에 없을 뿐이다.

36

스위스 인터라켄

⋮

Gutschrift

스위스에서 히치하이킹은 일상이다. 교통비가 턱없이 비싼 덕분에 모든 이동 편을 기차로 했다가는 감당이 안 되는데, 그때마다 정신을 맑게 해 준 건 히치하이킹이었다. 작은 도시 빈터투어에서 출발해 취리히, 루체른, 인터라켄을 지나 베른까지. 루체른에서 인터라켄까지 는 기차를 타긴 했다. 시간이 늦어 버려 차가 잡히지 않은 탓이다. 또한 인터라켄이 유명한 관광지여도 큰 도시로만 이동하는 이들이 과연 인터라켄을 가려 할까. 시계를 보니 밤 10시를 가리키고 있었다.

예약한 숙소는 마지막 남은 나를 기다리고 있겠지.

예상과 다르게 호스트는 퇴근한 지 오래였다. 그렇다면 몇 번 방, 몇 번 침대임을 말하는 메시지라도 남아 있겠지. 아니었다. 분명히 예약한 숙소가 맞는데, 내 자리는 없다. 선불로 이미 결제를 마친 상태라 다른 숙소로 가기도 애매하다. 숙박비 20프랑을 한 번 더 낼 용기가 없는 가난한 여행자는 확실성이 떨어지는 무모한 선택을 해야 한다. 자리가 없으면 없는 대로 밤을 지새운 다음 호스트와 얘기를 하든가, 아니면 담판을 짓든가. 아침을 먹은 이후로 아무것도 먹지 못한 게 생각나 신라면 뽀글이를 해 먹기로 했다. 다행히 커피포트가 있었고 칫솔이 있었다. 젓가락 대용으로 쓰는 칫솔이라, 꼼짝없이 굶는 것보단 이만한 대안이 없다고 생각했다.

피곤한 탓이었는지 잠에서 쉽게 깨지는 않았다. 해는 이미 중천에 뜬 지 오래, 배낭은 그 자리 그대로였다. 3층에 버려진 매트리스가 있어 처음 도착한 옷차림으로 침낭만 덮고 잤더니 크게 춥거나 하지는 않았다. 그런데 내 앞에 서 있는 이는 누굴까. 잠결이라 제대로 확인할 수는 없었다. 다만 누가 봐도 화가 난 기색은 역력해 보였다. 그 와중에 머릿속에 꽂힌 문장, 겟 아웃.

마음을 가다듬는다. 카운터에 내려가 자초지종 상황설명을 하든가, 사과를 해야 한다. 사과라, 굳이 내 딴에서 할 이유는 없겠다. 하지만 상황을 더 이상 부풀리지 않으려면 이만한 방법이 또 없었다.

그는 내게 주거무단침입 혐의를 씌웠다. 호스텔에 주거침입이라니, 말도 안 되는 어불성설이라고 받아쳤더니 외려 돈을 내라고 말한다. 숙박비가 결제되지 않았다고, 결제가 된 줄로만 알았던 나는 이메일과 카드 잔고를 확인하고 나서야 해답을 찾을 수 있었다. 카드에는 잔고가 없었고 이메일로는 취소 메시지가 날아왔다. 그런 줄도 몰랐던 나는 예약도 안 된 숙소에 들어가 몰래 자다 걸린 꼴이 되어 버린 거다.

상황은 일단락되었다. 숙박비는 지불했고 그 길로 다른 숙소를 잡았다. 이제야 눈에 들어오는 인터라켄, 외곽으로만 나가도 금세 푸른 들판과 드문드문 지어진 집이 눈에 들어오는데 누가 봐도 스위스였다. 상상 속에서만 존재하던 그런 스위스. 그린델발트까지는 못 가더라도 이 정도 풍경에 충분히 만족한다. 가난한 여행자에게 스위스는 소박하다. 패러글라이딩을 한다든가, 기차를 타고 융프라우에 간다든가. 굳이 안 해도 좋다. 남들 다 하는 일들은 구미가 당기지 않는다. 비단 나만이 느끼는 감정이 아닌 모두가 공유할 수 있는 감정이라면 몸소 체험하지 않아도 좋다.

베른으로 떠나는 날이었다. 가스레인지가 없어 컵라면 끓여 먹듯 봉지라면을 먹고 전자레인지로 몇 분 돌리니 생쌀이 찰밥으로 둔갑한다. 버스시간이 늦고 거리가 가깝다는 핑계로 여유를 부리고 있었는데 문자가 몇 통 날아온다.

40프랑 인출, 호스텔**

회로가 정지한다. 손이 부들부들 떨리기 시작한다.

100프랑 인출, 호스텔**

그 자리에서 라면을 집어던져 버렸다. 단 몇 분 만에 15만 원가량을 도둑맞은 나는 무슨 수를 써서라도 그 돈을 받아 내야 했다. 사람이 치부가 드러나면, 발가벗겨진 맨몸에 비수가 꽂히면 어떤 일이 일어나는지 아는가. 주거침입 혐의로 경찰을 부르겠다는 협박과 2만 프

랑의 벌금을 내게 될 거란 말에도 아랑곳하지 않게 된다. 세상에 오늘만 존재한다는 심정으로 가지고 있던 모든 칩을 내거는, 일종의 도박과도 같다.

호스트는 경찰을 부르겠다고 하고 나는 140프랑을 내놓으라고 말한다. 대화가 통하지 않는 모양인지 호스트는 1층으로 내려갔다.

경찰을 부르겠다고 하면 자연스레 떨어져 나갈 줄 알았나 보다. 그도 그럴 게 타국 경찰 앞에서 무서워하지 않을 이가 어디에 있단 말인가. 독일어를 쓸 테니 의사소통도 제대로 되지 않을 테다. 보편적인 상황설명으로는 상황을 유리한 쪽으로 이끌기 어렵다는 걸 뻔히 알면서도 백기를 들지 않는 나를 본 호스트는 어떤 생각이었을까. 결국 140프랑을 완전히 환불받음으로써 끝을 맺었지만 경찰을 부르겠다고 했던 호스트의 마음이 바뀐 건지, 아니면 페이크였는지에 관해선 그 누구도 알지 못한다.

베른을 출발한 버스는 다섯 시간을 달려 프랑스 리옹에 닿았다. 국경

에 닿아 여권을 확인하기 직전까지만 해도 경찰에 쫓기지 않을까 하며 긴장의 끈을 놓지 않았던 나는 그제야 안도의 한숨을 내쉬었다.

* 이 장의 제목인 'Gutschrift'는
독일어로 환불을 의미한다.

현실적인 스물하나

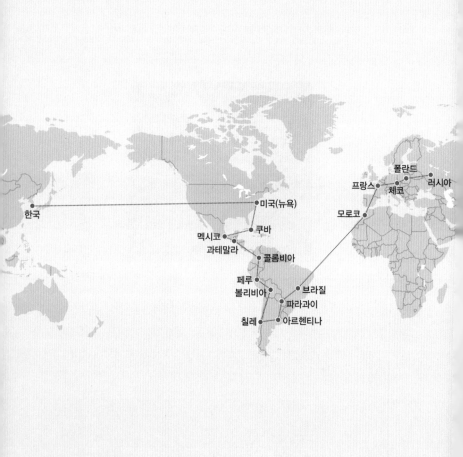

한국

미국(뉴욕)

쿠바

멕시코
과테말라
콜롬비아

페루
볼리비아
브라질
파라과이
칠레
아르헨티나

프랑스
폴란드
체코
러시아
모로코

석영은 우리가 만나기로 한 노원역 9번 출구가 아닌 승강장에서 나를 맞았다. 석영은 느닷없이 한국에 들어온, 산발에 10kg이 빠져 대여섯 살은 더 늙어 보이는 내 모습에, 나는 이전에 비해 한층 기가 세진 석영의 모습에 아연실색하기 바빴다.

우리는 여느 때와 같이 먹자골목의 어느 순댓국집에서 이런저런 담소를 나누었다. 사는 얘기, 정치 얘기, 주변 친구 얘기. 한동안의 부재로 소주에 목이 마른 나는 연신 "후레시"를 외쳤지만 석영은 한약을 먹는다는 핑계로 내빼기에 바빴다. 그래 네가 다 그렇지. 어렸을 때 사고 한 번 안 치고 자란 네게 낮술이 웬 말이더냐. 그와 반대로 어렸을 때부터 다소 자유분방하게 살았던 나에게 낮술은 별거 아닌 흔한 일에 불과했다.

때마침 한국에 발 디딘 12월 9일은 탄핵안 국회 통과가 있는 날이었다. 오후 4시를 살짝 넘길 무렵, 생중계되는 브라운관에 국회의장이 모습을 드러내고 모두가 숨을 죽인 채 말없이 화면만 응시한다. 그는 과연 어떤 말을 남길 것인가.

"대통령 박근혜 탄핵소추안은 가결되었음을 선포합니다."

안도의 한숨과 함께 환호성이 들려왔다. 그와 동시에 나는 한국에 왔음을 실감했다. 핸드폰 속 작은 화면으로 보던 모습이 지금 내 앞, 브라운관과 그를 지켜보는 사람들로 펼쳐진다는 게 믿기지 않았다. 세 달 만에 다시 한국. 어제는 파리에서, 오늘은 서울에서 아침을 맞았다. 잘 온 거겠지. 잘 온 거 맞겠지, 나.

그게 무슨 의미가 있니

지금쯤이면 원래 영국에서 미국으로 가고 있어야 했지만, 현재의 나는 한국에 와 있다.

일주일 전만 해도 한국에 오게 될 거라곤 상상도 하지 못했다. 그때만 해도 나는 스위스를 벗어나 프랑스로 가고 있었고, 이제 파리 갔다가 영국으로 가겠지 하는 스스로가 정한 체계화된 계획에 맞춰 무덤덤해 있었으니 말이다. 한국으로 돌아가고 싶다는 생각은 예전부터 담아 두었지만, 그래도 언제 이렇게 장기간 여행할 수 있겠나 하는 마음에 고이 묻어 두고 있었다.

파리 공항에서 8일 점심 비행기를 타고 모스크바를 지나 인천 공항에는 9일 아침에 도착했다. 그리고 티켓 예약은 7일 점심에. 내가 내 티켓을 예약하면서도 세상에 파리에서 한국 가는 비행기를 하루 전날에 끊는 사람이 과연 어디 있을까 하면서 웃음밖에 안 나오더라. 덕분에 좌석은 전부 맨 뒷자리였지만, 사실 그게 중요했던가. 한국까지 가는 티켓이 얼마였는지가 더 중요하지.

언젠가부터 내 여행이 '죽은 여행'은 아닐까 하는 생각이 들었다. 그

토록 꿈에 그리던 세계 여행에 유럽까지 온 데다 올 한 해를 이 여행을 위해 살아왔건만, 정작 나는 그 여행을 즐기지 못하고 있었다.

즐거우려 떠난 여행에서 즐거워하지 못한다는 것.

여행이 아니라 공부나 일을 하기 위해 떠났다면 돌아오지 않았을 것이다. 그것의 목표는 즐거움이 아니니까. 물론 공부나 일을 통해 즐거움을 느끼지 말라는 보장은 없다만, 주목적이 무엇이냐에 따라서 달라질 테니까. 하지만 즐거움을 추구하기 위해 떠난 여행에서 즐거움을 얻지 못한다면 더 이상 지속할 이유가 없다.

다음 여행지는 미국 뉴욕으로 보고 있다. 지금 한국에 들어왔다고 해서 여행이 완전히 끝난 건 아니니까. 뉴욕에서 쿠바를 거쳐 남미로, 두 달간의 휴식기를 지나 내년 2월 중순쯤에 떠나지 않을까 싶다. 늦여름에 떠난 탓에 추석을 타지에서 보내게 된지라 가족들에게 없지 않아 미안한 마음이 컸었는데, 그래도 이번 설에는 그러지 않게 되어 마음이 한결 놓인다.

스스로가 여행을 그만두고 어느 정도의 유예를 둔다는 건 여행을 받아들이는 주관이나 열정이 이전과 달라졌음을 말해 주는 거겠지. 내일이 불확실한 일상을 마냥 즐기지만은 못하는 것도 같은 이유일 것이다. 여행이 끝나면 그나마 돌아갈 곳이 있던 고등학교 때와 달리, 돌아와도 마땅히 설 자리가 없는 지금은 다르니까. 여행은 여행다워야 여행이다. 하지만 그 여행이 일상이 되는 순간 본질은 달라져 기존에 꿈꾸던 이상은 멀어지게 되겠지.

그게 무슨 의미가 있니.

#39

편의점 인간

내 앞의 송중기는 나를 여섯 시간째 뚫어져라 쳐다보고 있다. 지하철을 탈 때도 사람 눈 마주치는 게 싫어서 책이나 핸드폰 속에 퐁당 빠지는 건 물론 다른 이들을 만날 때도 데면데면하는 척을 일삼는 나인데.

아.
저분은 점장님이었구나.

생각보다 시간은 빨리 간다. 생각 외로 이 일이 맞는 것 같다. 야간근무의 특성상 손님의 절반 이상은 취객이지만 이미 여행을 통해 수도 없이 만나 본지라 이젠 끄떡도 하지 않는다. 나에게 그저 솔직하고 진실한 모습을 보여 주어서 감사할 뿐.
영원할 것 같은 새벽시간은 오전 4시를 기점으로 전반전과 후반전으로 나뉜다. 전반이 하루의 마지막과 같은 개념이라면 후반은 하루의 시작과도 같은 개념. 곧 있으면 서울행 버스 첫차가 모습을 드러낼 것이다. 그와 동시에 사람들은 보다 멀끔한 모습으로 편의점 문을 두드리겠지. 그리고 이들의 절반은 교통카드 충전을 외칠 것이고. 누군가의 시작에 있어 일말의 도움을 준다는 사실에 약간의 뿌듯함을 느낀다.

나로서는 참 다행이지.

#40

군산

오전 12시, 여행을 떠나기로 마음먹다.

오전 12시 30분, 어디로 가야 할까 하며

오전 3시 30분, 컴퓨터에 앉아 말없이 지도만 바라보다

오전 4시, 여행지를 결정하다.

그럼 이제 나갈 준비를 해 볼까.

지난 주말 동안 이어진 야간알바 탓에 오늘도 어김없이 밤샘이었다. 첫차 그 언저리쯤 되는 버스를 타고 서울로, 그리고 다시 고속버스를 타고 군산으로. 지금 잠을 자지 않으면 여행에 앞서 잠을 깨기 위한 몸부림의 연속일 게 분명했다. 버스에 앉아 있는 시간만큼은 잠으로 소비하자. 그럴 줄 알고 버스도 우등으로 예약해 두었으니. 한 번 자고 일어나니 정안 휴게소, 또 한 번 자고 일어나니 톨게이트를 나와 군산 시내로 가는 도로 위였다. 생각보다 가까운 오늘의 여행지에 어리둥절함으로 시작을 맞았다.

여행지를 군산으로 선택하기에 앞서 많은 여행지가 후보에 올라 있

었다. 경상북도의 청송·영양과 같은 산간 오지나 보령의 외연도같이 배 타고 들어가야 하는 섬, 그 외에도 속초나 부산 같은 후보군이 있었지만 썩 내키지는 않았다. 1박 2일이라는 짧은 여행 기간. 그보다도 신선한 여행지를 혼자 가기엔 마땅한 숙소가 없었고, 숙소가 마땅한 여행지를 가자니 신선함이 부족했다. 그러던 중에 결정한 곳이 바로 군산. 사실 이전에 두어 번 갔을 만큼 그리 신선한 여행지는 아니었지만, 그래도 한 번쯤은 다시 가 보고 싶었던 곳. 거기에다 서울과의 거리도 그리 먼 편은 아니라는 게 내 생각이었다.

터미널에 도착하자마자 바로 향한 곳은 시장이었다. 국밥이 먹고 싶어서. 별다른 이유는 없었다. 어딜 가나 돼지국밥집이 있던 경상도의 여느 시장처럼, 전라도에도 국밥집이 있을까 싶어서. 그러던 중에 보게 된 '군산전통순대국밥협동조합'이라는 팻말은 마음을 놓게 만들었다. 지극히 당연한 이야기겠지만, 협동조합이 있다는 건 그만큼 국밥집의 수가 꽤 있다는 걸 의미하지 않겠는가.

주말의 여운이 채 가시지 않은 월요일임에도 시장은 공기마저 무겁기만 하다. 여행자, 이방인이라곤 나뿐인 곳의 낯선 공기를 오직 홀로 들이마실 뿐이다. 어제만 해도 나와 같은 이들이 각자의 공기를, 낯섬과는 거리가 먼 친근함과 익숙함에 가까운 공기를 나눠 마셨겠지. 어디에 있을지 모르는 국밥집을 찾아 나선다. 이방인은 가고 현지인만이 남은, 꾸며지지 않아 본연만이 남은 이곳에서. 나는 그저 그 안에 머물다 갈 뿐이다.

국밥집이 여럿 있기에 사람이 제일 많은 곳으로 들어간다. 오전 11시 반이라는 애매한 시간임에도 자리가 꽉꽉 찬다는 건, 그만큼 맛을 보증한다는 것을 의미한다. 오늘만큼은 과한 정보로 쏟아져 넘칠 인터넷 대신 내 주관과, 식당 안의 사람들을 믿어 보자. 메뉴판에는 달랑 '국밥'이라고 적혀 있기에 당연히 순대국밥이겠거니 했는데, 알고 보니 머릿고기국밥이더라.

순간 의문을 품다 이내 환호성으로 국물을 저었다. 경상도에 돼지국밥이 있다면 전라도엔 머릿고기국밥이 있었던 것인가. 마늘과 부추를 부담 없이 털어 넣을 수 있는 그런 집. 김치하고 깍두기가 맛있을 때부터 알아봤어야 했다. 모름지기 두 반찬이 맛있으면 음식 또한 맛있다고 했거늘. 국밥집만의 비공식적인 공식은 오늘도 변함이 없구나.

순천의 제일식당, 남해군의 모 식당, 임실의 도봉집에 이어 국밥 명예의 전당에 올려 두도록 하자.

다시, 세계 여행

다시, 여행. 세계 여행.

여행을 마저 끝내야 한다는 책임감으로

무거워진 어깨를 덜어 내기 위해.

미국 뉴욕

:

단편적으로 바라본 뉴욕

폭설이 내린 탓에 상해에 발이 묶였다. 뉴욕으로 가는 비행기는 아주
조금 전에 출발해 이미 활주로로 나아갔다고 했다. 덕분에 예상치 못
한 여행지 상해에서의 하루가 생겼지만 이마저도 밤낮이 바뀌어 버
린 시차에 새벽 4시가 되어서야 겨우 눈을 뜰 수 있었다. 꿈나라와 맞
바꾼 동방명주는 내게 존재하지 않는다. 그 대신 걸어서 10분 거리
의 작은 마을만 갔다 오게 되었는데, 중국 특유의 냄새와 한 편에서

태극권을 하는 이들의 모습에 동방명주의 아쉬움은 눈 녹듯이 사라졌다. 뉴욕의 시차에 맞춰진 내가 누릴 수 있는 유일한 시간대. 지난 여행에서 삼 주나 머물렀음에도 보지 못한 풍경을 이제야 보게 되는구나.

뉴욕 가는 비행기는 중국의 연장선과도 같다. 시끄러움, 부산한 분위기. 먼 나라로 날아가는 비행기의 크기만큼이나 부산스러움은 더욱 배를 가한다. 저 앞에 앉은 아기들이 따라 울기 시작하는데 나도 따라 울고 싶었다. 언제쯤이면 조용해질까, 하는 생각은 마음에 담아 둔다. 음악을 듣기 위해 꽂은 이어폰이 내면의 평화를 불어일으키기를.

은박지를 뜯는다는 건 기내식이 나온다는 걸 의미한다. 내면, 진정한 '내면'의 평화가 도래함을 의미한다는 거다. 나오는 게 쇠고기든 닭고기든 생선이든 나는 그저 감사할 뿐이다. 더 나은 환경을 위해 떠난 옆자리 남자도, 시간을 달려 밤이 찾아온 알래스카 영공도 모든 게 감사하다. 햇빛이 들이치지 않을 테니 인상을 크게 찌푸리지 않는다.

적당히 밝혀진 조명등까지 모든 게 완벽할 뿐이다.

일곱 시간을 더 날아 뉴욕에 당도한다. 불과 두 시간 전에 봐 온 눈 덮인 캐나다 상공과는 다른 완연한 봄 날씨가 나를 맞이한다. 숙소가 있던, 연장선의 끝자락에 자리한 플러싱을 지나 맨해튼, 그리고 타임스 스퀘어. 이곳에서 나는 고등학교 동창을 만나기로 했다.

그 애와 함께한 브루클린을 다시 찾았다. 렌즈를 낀 그때보다 안경을 낀 지금이 더 선명하게 다가온다. 초점이 맞지 않아 흔들거리지도 않고, 보이는 것도 더 많을 테니. 어쩜 한 사람 보기에도 벅찼다. 무슨 표정을 짓는지, 어떤 말을 하는지, 어느 쪽에서 걸어오는지. 나만큼이나 조용한 곳을 좋아하고 또 목소리조차 작은 그 애에게 집중한 것만으로도 그날 하루는 완벽했다. 적당한 날씨와 적당한 기분과 분에 넘치는 설렘이 언제까지 이어질까.

1. 뉴욕에서 아침을 맞을 때 한국은 밤 11시가 된다. 고로 나는 일어남과 동시에 술에 흥이 오른 그네들의 면목을 봐야 한다는 거다. 맨 정신으로는 쉬이 감당이 되지 않는다.

2. 여행 중이라는 사실을 잠시 잊고 지낸다. 지금 내 앞에 펼쳐진 이들의 일상에 빠져 '현재'만 남을 뿐 과거와 미래는 보기 좋게 종적을 감춘다. 일주일 전만 해도 나는 건대에서 술을 마셨고 사흘 전에 뉴욕에 왔으며 또다시 사흘 후엔 쿠바로 넘어간다. 그 모든 것들이 무감각해질 정도로 그들의 일상에서 불어온 사소함에 완벽하게 녹아들었다.

3. 그 애와의 대화에서 나는 고등학교 1학년 때에 관한 어떠한 기억
도 떠올리지 못했다. 이를테면 학교 축구경기에서 우승한 것과 같
은 사소한 것들. 서로의 관점 차이일 수도 있겠다. 어느 시점을 더
의미 있게 남겼는가. 학교에서 보낼 최소한을 제외한 대부분의 시
간을 밖에서 지낸 나와 달리 그 친구에겐 2013년 초 그 짧은 기억
이 아련하게 다가오는 듯했다.

4. 숙소에 들어오면 공허함이 밀려온다. 그네들에 부대껴 시간 가는
줄 모르고 있다 보니 숙소에 홀로 선 내 모습이 처량하게 다가온
다. 이제 나 뭐하지. 고요 속에 나직이 한 소리를 내뱉는다. 혼자가
되면 아무것도 할 수 없을 것 같아. 혼자가 되면 의미 있는 여행과
의미 있는 하루를 살아 낼 수 없을 것 같은 불안감. 하지만 이 또한
여행자의 숙명이니라. 다음 날이면 다시 의미 있는 날을 살아 낼
수 있을 거라, 믿어 의심치 않는다.

5. 단편적인 모습만 본다면 여기가 더 좋아 보일 수도 있어. 대학생활
과 취업에 관한 암울한 이야기는 이들에겐 다소 동떨어진 감을 줄
지도 모르겠다. 뉴욕에서의 마지막 날에 만난 동창, 민지와 친구들
이 그랬다. 술 없이도 그렇게 잘 놀 수가 있다는 것. 자신의 번호를
모를 것 같은 친구에서 장난전화를 걸거나 물병 세우기 게임을 하
는 모습은 꽤나 원초적이었다. 고등학생처럼 논다고 하면 맞는 표
현인 걸까. 또한 할랄 음식을 아직 안 먹었다는 나의 말에 깜짝 놀
라는 말투로 뉴욕에 와서 할랄 음식을 안 먹었냐며 다 같이 계단에
앉아 음식을 나눠 먹곤 했다. 내가 본 짧은 시간 동안의 모습이 이

들의 전부는 아닐 테지만, 매일같이 술에 절어 어두운 현실과 미래를 논하며 한숨만을 내쉴 수밖에 없는 한국의 환경보다는 더 나아 보였다.

#43

쿠바 아바나

⋮

사회주의 그리고 아날로그

공항을 빠져나와 아스팔트길을 걷는다. 춘삼월이 무색할 정도로 달궈진 공기는 뉴욕을 떠나 별세계에 왔음을 말해 준다. 전날 밤을 새우고 온 탓에 눈뜨자마자 도착한 땅은 어디이며 스웨터와 청바지 차림새는 또 무엇인가. 공항 밖 시내버스가 다니는 3km 남짓 되는 지점까지 하염없이 걷는다. 택시비가 아까워 같은 길을 선택한 두 서양인 앞에서 나는 선구자가 되어 전투명령을 내린다. 어디서 왔는지는 몰라도 추운 나라에서 온 건 확실하다. 이 날씨에 긴팔 긴바지를 입고 더위와 사투를 벌이는 경우는 그리 많지 않다. 나같이 하나, 둘까지는 알아도 셋과 넷은 모르는 그런 부류.

아바나 시내로 가는 버스엔 다들 어디에서 왔는지 사람들로 그득그득하다. 앉을 자리는커녕 큰 배낭을 지고 온 게 잘못이 되어 쥐구멍으로 숨게 만들고, 요금이 얼마인지도 물어보지 못하니 이보다 더 미안할 수가 없었다. 스페인어는 하나, 둘조차도 세지 못하는 내가 요금은 또 어떻게 물어본단 말인가. 공항에서 환전해 온 쿡(외국인용 화폐 단위. 1쿡에 1200원 정도 한다.)을 꺼내어 기사에게 보여 준다. 그리고 보니

196

로컬버스에서는 모네다(내국인용 화폐단위. 1모네다에 45원 정도 한다.)를 쓰는지, 쿡을 쓰는지조차도 알지 못하는구나. 어쩔 줄 몰라 한참을 쩔쩔매자 요금을 걷는 친구가 씩 하고 웃더니 안으로 들여보내 준다.

이게 바로 사회주의 미소였던가.

알고 보니 1/2모네다라는 말도 안 되는 값이었던 것. 국가에서 교통비를 지원해 푼돈만 내고 탄다는 이야기를 들은 적이 있다. 여태껏 겪어 보지 않은 새로운 체제와의 만남. 한국에서 온 나로서는 자연스레 이목이 쏠릴 수밖에 없었다. 전 세계적으로 유일하게 사회주의다운 나라. 쿠바에 일가견이 있는 사람들은 늦기 전에, 변하기 전에 빨리 가라며 목소리를 높였다. 그러한 데에는 과연 어떤 이유가 있을까.

혁명광장을 지나 까삐똘리오(옛 국회의사당 건물인 아바나의 랜드마크)에서 내려 숙소로 향한다. 이렇다 할 게스트하우스나 호스텔이 없는 쿠바에서는 까사(집을 뜻하는 스페인어, 쿠바에서는 숙박시설을 의미한다.)에서 짐을 풀곤 하는데 한국인 여행자에게 유명한 까사는 크게 세 곳으로 나뉜다. 호아끼나, 요반나 그리고 시오마라. 그중에서 나는 호아끼나로 가기로 했다. 이전에 쿠바를 여행한 송화로부터 추천을 받은 곳. 이미 멕시코로 넘어간 그녀가 쿠바행을 고민한다는 말에 망설임도 없이 호아끼나를 택하기로 했다. 비싼 비행기값을 내서라도 다시 올 고민을 하고 있다면 어떠한 마력을 뿜고 있음이 분명하다.

호아끼나를 찾는 건 그리 어렵지 않았다. 지도에서 본 대략적인 위치, 발코니에 널린 옷가지, 그리고 창 너머로 보이는 일본인들. 세 곳모두 일본인에게도 똑같이 유명하다는 이야기를 들은 적이 있다. 한국인에겐 한인민박, 일본인에겐 포사다라는 이름으로 등장한 숙소

들이 한곳에 어우러진 모양, 그렇다고 두 나라 모두가 서로 어우러져 지내는 분위기는 아닌 듯했다. 쭈뼛쭈뼛, 외벽이 견고해질 대로 견고해진 두 집단 사이를 파고드는 건 쿠바에서도 그리 쉽지만은 않아 보였다.

어쩌면 쿠바는 인터넷이 터지지 않는 유일한 나라일지도 모른다. '유비쿼터스'라는 용어는 이제 구닥다리가 되어 교과서에서나 나올 법한 말이 되었고, 여행자들끼리 연락처를 주고받을 땐 이메일이 아닌 페이스북이나 인스타 아이디를 물어 그 사람의 성격, 발자취는 물론 관심분야를 넘어 정치성향까지 파악하는 시대가 도래하게 되었다.

인터넷이 없는 삶은 고립됨을 의미한다. 한국에서 1만 km, 혹은 비행기를 두세 번은 갈아타야 겨우 닿는 곳에 머물면서도 한국 소식을 누구보다 빠르게 접한 건 페이스북의 지대한 노력 덕분이었다. 인터넷은 곧 속세다. 인도나 몽골 오지에 있으면서도 한국에 있는 이들에게 소식을 전함은 물론 우크라이나에 머물면서도 박근혜 게이트의 전개를 줄줄이 꿰고 있던 나였다.

육체는 외딴곳에 두어도 정신은 속세를 오가게 해 시대에 뒤처지지 않도록 노력했다. 사실 그럴 만한 이유는 따로 없겠다만, 21세기를 살아가는 20대로서 시대의 흐름을 파악해 자신만의 트렌드를 구축하는 일은 커다란 과제와도 다름없다. 유행을 간파해 사람들로부터 공감대를 형성하는 것. 대화의 흐름 속에 꿋꿋이 잔류해 동시대를 살아가는 집단 속에서 안도감을 얻어 내는 것이다.

인터넷이 존재하지 않는 삶은 크나큰 혁명과도 같다. 아날로그적 삶. 초등학생 때부터 이미 휴대전화로 전화나 문자를 썼던 우리 세대에게 있어서는 동경의 대상이다. 스마트폰이 없어 실시간으로 소식을 받지 않아도, 그전에 핸드폰이 없던 시절에도 잘만 살았던 부모님 세대의 이야기는 전설을 넘어 신화와도 같다.

쿠바라는 나라에 끌렸던 건 단순히 사회주의 국가여서가 아니라, 어떻게 보면 세상과 조금 단절된 아날로그적 삶 속에서 사람들은 어떻게 살아가는지, 그와 공존할 여행자의 삶은 어떠한지 궁금해서였다. 1990년대에서 2000년대, 종이지도를 들고 길을 찾으며 고국까지 가는 데 한 달은 걸릴 편지를 써 간간이 소식을 전했던 옛 여행자의 삶이 그대로 남아 있는 걸까? 아니면 그저 인터넷만 단절되어 있을 뿐 여느 여행지와 별다르지 않을 수도 있다.

뉴욕 존 F. 케네디 공항을 끝으로 인터넷과 작별을 고했다. 이제부터 이 주에서 한 달 정도는 인터넷을 사용함에 있어서 자유롭지 못하다. 아무리 아날로그적 삶이라고 해도 인터넷 사용이 아예 불가능은 아니라는 것. 두 시간 남짓 줄을 서서 인터넷카드를 산 다음 지정된 장소에 가서 인터넷을 쓸 수 있다. 예를 들면 중앙공원이나 아바나 시내의 주요 호텔. 로비 곳곳에 앉아 눈에 불을 켜고 핸드폰을 두드리는 이들이 바로 그들이지만, 이마저도 굉장히 느려 비행기 티켓을 예약하거나, 간간이 소식을 전하는 용도 외엔 아무런 쓸모가 되지 않는다.

그런 쿠바에서 제1의 가치는 정보력이다. 하루 전에 온 여행자는 사흘 전에 온 이에게, 사흘 전에 온 여행자는 일주일 전에 온 이로부터 정보를 물려받는다. 일주일 전에 온 여행자는 한 달 전의 이에게, 한 달 전의 이는 두어 달 전의 이에게 받음으로써 정보의 대물림은 구전의 구전을 통해 끝없이 이어진다. 2년 전, 3년 전부터 쓰인 정보북이 내려져 오는 곳. 그중에 하나가 바로 호아끼나이기도 했다.

호아끼나에 사실상 전부였던 한국인 5명과 같이 다니기로 했다. 저녁은 다들 먹었다고 하니 간단하게 맥주라도 같이 한잔하는 걸로. 아바나의 여행자 거리인 오피스포 거리로 나오니 여행자들은 물론 다양한 인종의 현지인으로 인산인해다. 늦은 밤중에 술을 찾아 어슬렁댈 수 있는 나라가 중남미를 통틀어서 과연 얼마나 될까.

뉴욕을 내리 외치는 팝송이 나오는 걸 보면서 아 여기도 미제 문물에 동화되는구나 싶다가도 어디선가 터져 나오는 라틴 음악에 안도를 표하곤 한다. 예전만큼이나 마냥 적대적이진 않은 모양이다. 오바마 대통령이 쿠바에 다녀감은 물론 양국 간의 국교 정상화는 세계적으로 큰 이슈거리긴 했다. 정권이 바뀌면서 잠시 냉각기를 갖겠다마는, 문화적인 개방에 있어서는 여전히 진행 중이 아닐까 싶다. 그렇다고 까삐똘리오 앞에 맥도널드가 생기거나 오피스포 거리에 스타벅스가 생길 일은 없겠지만 말이다.

헤밍웨이가 자주 갔다던 플로리디타라는 바 옆을 지난다. "Mi Daiquiri en el Floridita." 내 다이키리(럼 베이스의 대표적인 쿠바 칵테일)는 오직 플로리디타에 있다는 중2병스러운 단 한마디의 말로 아바나를 찾는 모든 이의 이목을 끌어당기는 데 성공한 바였지만, 낮 시간부터 이미 헤밍웨이가 되고픈 이들로 북적이던 터라 발걸음을 돌릴 수밖에 없었다. 아무래도 내 다이키리는 여기에 없는 모양이다.

그렇게 해서 찾은 곳이 바로 헤밍웨이가 기거했던 호텔 밑에 자리 잡은 바였다. 그가 자주 마셨다던 모히또로 유명한 곳, 또다시 헤밍웨이가 되어 모히또에 입을 적셔 본다. 이파리뿐만이 아니라 줄기에 뿌리까지 들어가는 약간 낯선 비주얼이었는데, 그럭저럭 괜찮다는 사람과 이건 뭐지 싶어 고개를 갸우뚱하는 사람으로 반씩 나뉘더라. 헤밍웨이와 우리의 입맛 취향은 조금 달랐던 걸로 해 두자.

밤 12시가 되어서야 찾은 맥주와 한잔 들어가니 보이던 밤거리. 환하다. 환하다는 게 서울처럼 네온사인에 번쩍번쩍한 게 아니라 은은하게 환하다는 거다. 가로등만 알맞은 밝기로 거리를 적당히 비추는데 정적이지도, 그렇다고 어수선하지도 않다. 한낮의 더위는 어디로 가고 시원함만이 남아 볼때기를 스치운다. 오래도록 머물 수만 있다면 얼마든지 좋을 것만 같다.

그렇게 나는 속세와의 격리됨을 완벽하게 잊어 갔다.

#44

쿠바 트리니다드

:

모든 일은 언제나 문제없는 일들이었나

일요일에 온 덕분에 그나마 있는 박물관은 문을 닫아 버렸고, 비만 내리 쏟아지니 안 그래도 우중충한 동네가 더욱이 회색으로 채색되고 있었다. 지금까지의 여정이 그러했듯 여기 산타클라라에서 트리니다드까지 가는 데도 택시를 불러서 가야 한다. 흥정을 하기 위해 나와 스페인어에 능통한 동혁이 선발대로 나서기로 하고, 광장에 있는 혜민은 우리들의 짐을 보기로 했다. 본래 오후 4시에 광장에서 택시를 타기로 했던 우리. 두어 시간 전에 만났던 택시기사와 가격까지 합의가 완료된 상황이었고, 기사는 빈자리를 채워 줄 다른 이들을 구한다고 했다. 그런데 그가 한 시간이 넘도록 나타나지 않는 것이다.

기사가 나타나지 않은 데엔 크게 두 가지 설로 나뉘었다. 본디 같이 타기로 했던 그리스인 게이커플이 잠수를 타는 바람에 함부로 우리 앞에 나타나지 못했다는 설과 우리보다 더한 웃돈을 주겠다던 이들을 태우고 같은 목적지에 갔다는 설. 주고받을 만한 연락처가 없다 보니 모든 건 구두계약이다. 얼마든지 끈을 놓아도 책임이 뒤따르지 않는 그런 계약. 설령 합의를 마쳤다고 해도 안심해선 아니 된다. 끝날 때까지 끝난 게 아닐 테니까.

주변 택시기사들은 우리가 세 명에 30쿡을 외쳤다는 것을 알고 있다. 상대적으로 보기 드문 한국인의 등장은 그들의 이목을 끌기에 충분하다. 더군다나 30쿡에 가겠다던 기사가 도망까지 쳤으니 그 가격에 갈 리 만무하다. 45쿡이면 감지덕지하고 60쿡에서 70, 80쿡까지 치솟기라도 하면 어떻게 이야기라도 잘 구슬려 볼 텐데, 시간은 흘러 이미 땅거미가 지기 시작해 트리니다드의 '트'만 외쳐도 단번에 'No' 소리를 듣게 되었다.

시간이 늦었다고 해서 종적을 감출 이들은 아니다. 그 많던 삐끼는 모두 어디로 갔을까. 해가 떠 있을 때면 어김없이 달려와 택시, 택시를 외칠 이들이건만, 막상 찾으려고 하니 썩 보이질 않는다. 우리 사이에서도 택시를 더 알아보자는 의견과 여기서 1박을 하자는 의견으로 분분하던 찰나, 저만치에 삐끼로 보이는 남자를 발견하게 되었다. 밑져야 본전, 혹시나 하는 마음으로 조심스레 트리니다드를 외쳤지만, 돌아온 건 조금 더 기다리라는 답변이었다.

그렇게 또다시 30분이 흐른다. 여러 차례의 택시가 오고 갔지만, 스페인말로 삐끼와의 짧은 대화만을 남기고 시야 밖으로 사라지길 반복한다. 우리가 줄곧 외친 30쿡에서 고작 15쿡밖에 안 더해진 작은 금액이었지만, 여행자 물가와 현지 물가가 현저히 다른 이곳 쿠바에서 45쿡이 어떤 가치를 지니는지 알고 있다. 쿠바인 평균 한 달 봉급이 25쿡이다. 주스 한 잔에 200원에서 300원 사이를 웃도는 나라에서 아이폰을 쓸 정도면 도대체 어느 정도의 부를 축적했냐는 거다. 택시기사와 까사 주인이 쿠바에서 가장 많은 부를 축적하는 직업 1, 2위라는 말이 과연 사실인가 보다.

어김없이 택시 한 대가 다가온다. 이번엔 별다른 희망을 걸지 않는다. 산타클라라에서 하루를 더 머무는 쪽으로 여론이 몰렸기 때문이다. 마지막이라고 생각하고 마음을 비우려던 찰나, 택시기사가 오케이를 외친다. 45쿡, 트리니다드. 어둠이 깔린 이 시간에. 나이의 세 곱절은 되어 보이는 올드카가 우리를 맞이한다. 달구지, 아니 올드카. 연식이 오래된 트럭처럼 달달거리며 속도를 높이는데 그마저도 사랑스러울 뿐이다.

쿠바는 영어조차 통하지 않는 인도와도 같다. 극한 환경에 지쳐 그 누구보다 탈출을 고대하다가도 종국엔 이곳을 그리워할 게 분명하다. 지난 인도 여행 때와 같은 패턴이다. 2015년 12월의 인도와 2017년 3월의 쿠바가 묘하게 겹쳐 오른다. 그리고 보면 인도인과 쿠바인의 생김새나 언어는 꽤나 비슷한 구석이 있지 않던가. 힌디어와 스페인어가 비슷하다는 게 아니라 쿠바 특유의 센 억양이나 말투가 비슷하다는 거다. 택시를 기다리는 내내 보이던 낯익은 모습들, 인도였다. 콜럼버스가 처음 이곳(정확하게는 바하마)을 방문하곤 죽을 때까지 인도라고 굳게 믿지 않았던가. 설령 스페인이 아닌 다른 나라가 지배해 제3의 언어를 사용했더라도 나는 기존의 인도의 이미지가 겹쳐 올랐을 것이다.

하지만 차이점이 하나 있다면 철도망이 잘되어 있는 인도와 달리 여긴 택시 말고는 별다른 방법이 없다는 것. 사실 버스라는 게 있긴 하다만, 버스회사 하나가 독점하는 데다 인터넷망이 구축되어 있지 않아 최소 3일 전에는 터미널에 직접 행차해야 겨우 티켓을 얻는 시스템이다(이러니 내가 멕시코에 가서 이만한 선진국이 없다며 얼마나 쾌재를 불렀겠는가). 그마저도 자리가 없다며 발뺌하면 그만인지라 버스를 놓쳐 울상인 이들을 여럿 보곤 했다.

중간중간 보이는 산들은 제주의 오름을 연상시킨다. 교래에서 송당을 지나 성산으로 갈 때 보았던 풍경들이 떠오른다. 밤 10시에서 11시 사이, 하늘과의 경계를 말하는 봉긋 오른 실루엣과 폐까지 들어차는 찬 공기는 제주도의 중산간도로를 달리는 듯한 상상을 하게 한다. 그렇다고 풍력발전기가 빛을 내며 돌아가지는 않지만, 먼 타지에서 잠시나마 제주의 기억을 떠올리게 한 데에는 이만한 곳이 없으리라. 다시 돌아와서 인도, 다시 쿠바. 작은 올드카를 단숨에 휘감아 버리는 음악 앞에서 인도를 회상한다. 라틴문화권도 마찬가지로 슬픈 노래는 아예 존재조차도 하지 않는 걸까? 정신을 혼미하게 만드는 걸로는 인도와 쿠바가 양대 산맥을 이룰 게다. 뜻도 모르고 해석도 안 되는 스페인어로 된 노랫가락에 세뇌되어 달구지가 시속 100으로 달려도 흥겹기만 한데, 어느새 쩍 하고 문짝이 떨어져 나가는 소리가 들린다. 처음엔 너무나도 그럴듯해 별다른 동요도 없었다.

잠깐만, 문짝이 떨어져 나갔다고?

기사가 차를 멈춰 세운다. 그러곤 씩 하고 웃더니 노 프로블레마(No problem의 스페인어)를 외치며 문짝을 망치로 몇 번 두드린다. 차 문짝이 찢겨 나가 속도에 맞부딪힌 바깥공기를 그대로 들이마시는 일이 쿠바에선 흔하게 있는 일인 걸까. 그러고 보니 여기서 당황한 사람은 우리 셋뿐이었다. 택시기사는 정작 평온한 미소로 아무런 기색도 비치지 않는 데 반해 불안감에 휩싸인 우리는 한숨도 자지 못한 채로 덜덜 떨었더랬다.

트리니다드에 도착하니 저녁 8시를 웃돌고 있었다. 우리가 미리 점찍어 둔 까사 레오. 아바나 호아끼나의 정보북에 대문짝만 하게 적혀 있는 걸 보니 대부분 이곳으로 오는 듯했다. 2층으로 올라오니 먼저 식사를 하고 있던 일본인 한 팀이 보인다. 이들 역시 호아끼나에서 오며 가며 스쳤던 낯익은 얼굴들이었다.

여기에 와서야 알게 된 사실이지만, 쿠바만큼 랍스터를 양껏 먹을 수 있는 나라가 그리 많지 않다. "쿠바에 가면 랍스터를 실컷 먹을 수 있다며?" 이곳을 나와 후에 멕시코, 남미에서 만난 여행자로부터 수도 없이 들은 질문 중 하나였다. 전통음식이라든가 음식문화가 발달하

지 않은 나라다 보니 그나마 먹을 만한, 여타 여행지에선 구하기 힘든 음식들이 추앙을 받는 것이다. 랍스터는 이를 뒷받침할 대표적인 예시였다. 한국 돈 1만 원에 버금가는 다소 센 금액이었지만, 그래도 랍스터니까. 여기가 아니면 이 가격에도 먹지 못한다는 절대적인 이유가 막대한 지지율을 끌어올리는 것이다. 레오는 물론 그와 양대 산맥을 이루는 까사 차메로에서도 그 진미를 맛볼 수 있었는데, 여행자들은 두 집을 번갈아 가며 맛을 비교하곤 했다.

일반적으로 배 껍질을 벗겨 낸 랍스터 한 덩이가 올라오고, 이를 양념한 요리가 주위를 장식한다. 까사에 따라 국수를 얹은 스프가 나오거나 탕이 나오곤 했는데, 기본적으로 밥이나 오이, 토마토 같은 사이드 메뉴는 대체로 일치하는 편이었다. 그 외에 레오에는 닭고기나 돼지고기로 한 요리도 있었는데, 다들 한 번씩 먹어 보곤 여과 없이 랍스터를 선택하곤 했다. 아무래도 한결같은 쿠바 음식 앞에 고개를 저은 건 아니었을까.

1. "WBC가 뭐의 줄임말인지 알아?"

마침 WBC경기로 열기가 뜨거웠던 때였다. 거실에 놓인 TV에선

언제나 야구경기가 중계되었고 만나는 쿠바인들마다 야구 얘기로 열을 올리던 그런 때였다. 인터넷이 아닌 현지 TV로 처음 바라본 우물 밖의 세상.

"WBC는 백혈구(White Blood Cell)의 줄임말이야."

이런 개그에 웃은 내가 미웠다. 아침 먹다 말고 어이없어서 순간 피식했더랬다. 현직 한의사인 혜민의 의학적 지식을 활용한 개그는 실로 놀라웠다. 그 외에도 바나나를 먹으면서 품종이 하나뿐인 바나나를 대적할 치명적인 바이러스가 생기면 곧 멸종될 거란 얘기와 함께 아일랜드 대기근을 예시로 들곤 했는데, 이를 본 동혁은 아일랜드 대기근과 백혈구가 아침밥상에서 나올 만한 주제거리인가 하며 꽤나 신기해했다.

2. 아침과 저녁이 꽤나 그럴듯하게 보장이 되면, 주로 길 위에서 점심을 해결하곤 했다. 그럴 때마다 찾는 음식이 있었으니 바로 길거리에서 파는 피자빵이다. 외부문화의 유입이 어려운 사회주의 국가에서 오직 글로 된 레시피만 들여와 쿠바만의 스타일로 재해석한 그런 빵. 조금은 엉성해 보이지만 충분히 피자답다. 손바닥에 올려

놓으면 한 손 다 가리고도 남는 크기로 한국 돈으로 500원 정도밖에 안 해서 매일같이 사 먹었더랬다.

3. 동굴클럽에 관한 이야기는 여행자 사이에서 최고의 이슈였다. 말 그대로 지하 동굴을 개조해 여느 클럽과 같이 콘서트홀을 만든 구조였는데, 라틴 음악이 나오는지 아니면 일반 클럽처럼 EDM이 나오는지 의견이 분분했다. 마침 트리니다드에 머무는 한국 사람들을 수소문해서 모은 7명과 함께 가 보기로 결정. 줄 서서 한참 만에 들어갔지만 여느 클럽과 별다를 게 없다는 의견이 제일 많더라. 나는 그저 한국에서도 안 가 본 곳을 가게 돼서 별세계로 느껴졌을 뿐이다.

#45

사람, 염소, 닭이 같이 타는
낡아 빠진 시골버스는 쿠바에 있었다

트리니다드에서 아바나로 향하는 날, 외국인의 전유물이나 다름없는 값비싼 택시에 환멸을 느낀 나는 새로운 교통수단을 강구하던 도중 우연히 까미용이라는 교통수단을 알게 되었다. 앞서 산티아고데 쿠바로 향한 동혁이 사용한 방법. 한국으로 치면 장거리 시내버스와 같은 개념으로, 트럭을 개조한 공간에 의자를 만들어 사람들을 싣고 나르는 형식이었다.

까미용을 알게 된 후로는 줄곧 그에 관한 정보를 찾는 데 열을 올렸다. 최신판임을 강조한 가이드북에도 그에 관한 내용이 담겨 있었지만, 까미용의 '존재'만 내보일 뿐이지, 시간표나 운영노선과 같은 자세한 정보는 수록되어 있지 않았다. 아무래도 까미용을 타는 이는 없다시피 한 걸까. 사실 가이드북에서도 추천하지 않는다고 했지만, 편리함만을 추구하는 어설픈 여행자의 오만이라고 생각했다. 믿을 건 오직 한 사람, 까사 주인 레오뿐이었다. 시엔푸에고스와 산타클라라로 가는 차가 있다는 것. 아바나로 한 번에 가는 차는 없으니 내일 오후 차를 타야 한다는 게 그의 말이었다.

12시, 앞서 레오가 일러 준 정류장으로 왔건만, 이렇다 할 표시도 없이 휑하기만 해 사람들에게 물어보지 않고서는 못 배길 정도였다. 까미용, 까미용? 산타클라라, 아끼(여기)? 하나같이 긍정의 답을 표해 도리어 의심이 가는 상황이었지만, 이번에는 한번 쿠바를 믿어 보기로 했다.

12시 반, 한 아주머니가 정류장으로 들어온다. 혹시나 해서 물어보니 산타클라라로 가는 차를 탄다고. 끝까지 놓지 않았던 의심의 끈이 끊어져 이제야 안도의 한숨을 놓는다. 12시 반 차도 맞댄다. 다만 아직까지 오지 않는 데엔 이유를 모른다고 했다.

1시, 까미용이 30분 늦게 도착한다. 이전보다 더 많은 이들이 모였고, 차엔 그보다 더 많은 이들이 타 있었다. 서양에서는 꽤나 유명한 모양이었는지 여행자도 서넛 되어 보였다. 그럼 미리 준비해 둔 10모네다. 그러나 이내 막아서더니 그의 네 배를 달라고 하지 않던가. 레오도, 아주머니도 10모네다면 충분하다고 했지만 이들 눈에는 아닌가 보다. 바가지다. 외국인이라고 더 뜯어내려는 수작이었지만 딱히 말

싸움하고 싶지 않았다(해 봐야 천 몇백 원 더 받는 거였다). 그래, 옜다 40모 네다! 하지만 꼴찌에서 두 번째로 탄 덕분에 나는 서서 가게 되었다. 목적지까지 얼마나 걸릴지는 아무도 알지 못한다. 세 시간이 될 수도 있고, 네 시간이 될 수도 있지만 지금처럼 돌고 돌며 있는 사람 없는 사람 다 태우고 가다간 해 질 녘에 도착할 게 뻔하다. 이럴수록 눈에 불을 켜고 앉을 만한 자리를 선점해야 한다. 한국에서 자주 사용하던 수법을 하나 써 보자. 이를테면 외국인 관광객이 앉아 있으면 '당고 개까지 가는 동안엔 관광지가 없으므로 이들은 혜화에서 내린다'라 는 추측으로 자리를 선점하는 방식이다. 산길을 지나며 작은 마을들 을 스치니 하나둘씩 동요하기 시작한다. 30분 정도 지났을 때, 맞은 편의 노파와 눈이 마주친다. 그러곤 나와 그 노파 사이에서 알 수 없 는 신호가 오갔다.

'조금 이따 옆 사람이 내릴 테니 그 자리에 앉아라.'

과연 사실이었다. 10분쯤 더 지나니 자리를 박차고 일어나던 옆 사 람. 남들이 눈치채지 못하게 서둘러 자리에 앉으니 떠난 이의 온기가 감돌아 사람을 편안하게 만든다. 정 없이 직각으로 된 나무의자도 안 락하게 만드는 마법. 그 비밀엔 혹독한 까미용의 원성도 무뎌지게 만 드는 사람 간의 온정이 있었다.

많은 이들이 차에서 내리고, 그 자리를 새로운 이들이 채우기 시작한 다. 딱딱한 의자의 편안함에 감동해 이런저런 상념에 빠지던 중, 버 스에서 보지 못할 낯선 무언가가 눈에 띄곤 한다. 비닐에 둘러싸여 머리만 빳빳이 내세운 닭과, 발에 차일까 두려워 의자 밑에 조용히 숨어 있던 강아지 한 마리. 사람들의 시선을 받지 않은 채 조용히 눈

을 감거나 소리를 내며 더딘 발걸음을 내딛는데, 이렇도록 인간이 무심한 게 아니라 어제도, 일주일 전에도, 한 달 전에도 마주한 일상 앞에서 자연스레 무덤덤해지는 거다.

사람, 염소, 닭이 같이 타는 낡아 빠진 시골버스는 쿠바에 있었구나. 그 외에도 성악가 못지않은 노래실력으로 차 안을 콘서트홀로 만든 남자와 그에 맞춰 흥얼거리던 사람들. 노래가 끝나자 환호성과 함께 박수세례가 이어지는데 노랫말 뜻을 모르는 나조차도 감동해 박수를 따라 쳤더랬다. 열정과 흥이 넘치는 라틴아메리카다운 풍경. 이곳이 아니라면 극본 없는 시골버스 안 콘서트는 더 이상 볼 수 없을 것이다.

산타클라라에 도착한 건 오후 4시 반 무렵이었다. 지금으로부터 한두 시간이 지나면 땅거미가 내려앉을 게 분명하다. 버스터미널과 그 주변을 배회함은 물론, 큰길에 나와 있는 까미용까지 모두 붙잡아 보았다. 취약한 스페인어였지만 쉽게 얻을 만한 정보가 전무한 탓에 구전의 구전에 몸을 맡겨 결론을 도출해야 했다. 그러나 돌아오는 대답은 언제나 한결같았다.

마냐나(mañana).

내일. 무조건 내일이었다. 시외버스도 무조건 내일. 버스는 예상대로 남는 표가 없었고, 까미용은 시간이 늦어 아바나로 가지 않는단다. 모든 상황을 간파한 택시기사가 싱긋하고 웃는다. 풀이 죽은 표정으로 택시에 오를 걸 안 모양인지, 터미널 밖으로 나온 나를 붙잡고 서둘러 꼬드김에 여념이 없다. 이대로 20쿡을 내며 (그것도 사람이 다 찼다는 가정하에) 택시를 탈 것인지, 아니면 새로운 방법을 강구해 볼 것인지. 여러 가지 경우의 수를 조합해 보다가, 문득 기차가 다닌다는 사실을 떠올렸다. 아바나가 서울이고 산티아고데쿠바가 부산이라면 산타클라라는 대전과도 같은 곳이다. 수도와 제2의 도시를 잇는 큰 줄기와 같은 노선에 기차가 다니지 않을 리는 없겠지만, 정보가 없으니 이 또한 확신이 서지 않는다. 기차마저도 없다면 여기서 하루를 묵고 아바나 가는 까미용을 타는 거다. 그 외에는 방법이 없어 보였다.

기차역은 터미널에서 2km 정도 떨어진 곳이었다. 오토바이에 수레 비슷한 무언가를 연결해 사람을 태우도록 만든 택시에 오르니 2쿡을 요구한다. 쿠바 사람 한 달 월급의 1/10이자 한국에서 서울 가는 좌석버스 요금에 맞먹는 금액. 하지만 촌각을 다투는 상황 앞에서 그깟 2쿡은 중요하지 않았다. 별다른 대안이 없었던 나는 같은 금액인 50 모네다를 줘 버리고, 서둘러 기차역의 문을 두드렸다. 오늘 밤에라도 기차를 탈 수 있기를. 차라리 아바나에 아침 일찍 도착한다면 더할 나위 없이 좋을 것만 같았다.

"10분 뒤에 아바나 가는 기차가 들어올 거예요, 그걸로 드릴까요?"
무슨 운명의 장난처럼 시간이 이렇게 딱 맞아떨어질 수가 있을까. 터미널에서 시간을 오래 끌었더라면, 기차는 이미 떠나고 없어 새로운 허탕 앞에서 눈물을 흘리고 있었을지도 모른다. 하지만 한 가지 의심 가는 정황이 있다면, 상행과 하행을 막론하고 시간표에 18시 대에 들

어오는 기차는 단 한 대도 없다는 것. 나의 말이 잘못 전달된 건 아닐까? 혹시나 하는 마음에 다시 한번 물어보기로 했다.

"원래 아침에 왔어야 하는데, 여덟 시간 정도 지연돼서 지금 들어오는 거예요."

그의 말이 맞았다. 기차가 반나절쯤 늦게 와도, 그저 기차가 온다는 사실에 감사하는 그런 나라. 근대사 이전부터 현대를 아우르는 세상의 모든 역경을 뚫고 온 기차가 승강장으로 들어온다. 한편에 뽀얗게 쌓인 먼지는 어느 시대의 유물일까. 사회주의체제다 보니 국가에서 운영하는 데다 현지인에게 받는 요금은 지나치게 저렴해 시설이 엉망이라는 이야기를 들은 적이 있다. 뜯어질 만큼 뜯어진 차내 벽지와 곳곳에 찢어진 시트커버. 덕지덕지 달라붙은 먼지 떼가 이룬 문양을 보고 있자니 오래전에 여행했던 인도가 떠오른다. 1000km가 넘는 거리를 이동하기 위해 울며 겨자 먹기로 몸을 실었던 제너럴칸에서의 열여덟 시간의 기억. 달리는 기차에서 뛰어내리는 극한을 강행하던 이들과 서로의 자리를 맡아 주던 온정만 있었다면 완벽히 인도를 떠올렸을 게 분명하다.

수향으로부터 탄핵 소식을 접했다. 인터넷 접속이 어려운 탓에 사전에 지인들에게 바깥 소식들을 문자로 알려 달라는 얘기를 한 적이 있었는데, 마침 소식을 문자로 접하게 된 것이다. 열네 시간 뒤의 세상일 한국은 이렇게나 떠들썩할 텐데, 정작 외딴곳에 떨어진 나는 누구와도 말할 사람 없이 외로이 남아 있구나. 기차는 흘러갈 뿐이다. 그저 덜컹이는 소리를 내며 흘러갈 뿐이다. 환호성을 지르거나, 분노하는 이들을 봐야 실감이 날 텐데. 그 누구도 그에 관해 이야기하지 않는다. 오늘따라 이 외딴곳이 무서우리만큼 조용하구나.

기차는 여섯 시간을 달린 끝에 아바나에 닿았다. 갑작스러운 도착에 당황한 건 나뿐이었는지, 사람들은 지나간 도시 풍경에 무심하리만큼 조용히 일어날 채비를 하고 있었다.

아바나를 대표하는 역이지만 지극히 쿠바스러워서 좋다. 서울이나 베이징처럼 웅장하게 위용을 드러내지도, 시골의 간이역처럼 소박하거나 오래된 박물관처럼 말라 가고 있지도 않다. 아바나가 그렇다. 높은 빌딩과 경이로운 풍경 앞에서도 둔감해 언젠가 그마저도 덤덤해진다면, 자극적이지도, 그렇다고 허전하지도 않은 쿠바가 기억 속에서 떠오르지 않을까.

#46

멕시코 칸쿤

:

천국이 마냥 천국 같지는 않은 법이지

멕시코는 천국이다. 양질의 타코와 시원하게 터지는 와이파이 앞에서 우리는 환호성을 질렀다. 바다 건너에 천국을 두고 지옥 불에서 뒹굴 필요가 없다고 느낀 건 같은 비행기를 타고 온 지우도 마찬가지였을 거다. 지척에 월마트를 두고 거리엔 미국 물 가득 머금은 가게들이 줄을 잇는데 어떻게 감탄하지 않을 수 있냐는 거다. 처음엔 쌉

싸래해 오랜 시간이 지나야 깨닫는 단맛이 쿠바라면, 멕시코는 블루 레몬같이 새콤달콤한 파란 맛이었다.

숙소에서 만난 이들과 함께 핑크라군과 치첸이트사를 다녀왔다. 배낭여행자의 칸쿤으로 불리는 플라야 델 카르멘에는 한국인들이 유독 모이는 숙소가 하나 있는데, 대부분 정보를 얻는 목적으로 이곳을 찾는다. 이곳에서 며칠 머물다 보면 자신이 곧 정보가 되고 떠날 즈음이 되면 정보를 다음 여행자에게 물려주게 되는데, 나 또한 마찬가지로 핑크라군의 날씨나 유적지의 입장료, 여는 시간, 여행지에서 삶의 질을 높이는 법에 관한 정보의 보고가 되어 밤마다 맥주를 홀짝이고 있었다. 그러다 적당히 떠날 때가 되면 조용히 발을 떼겠지. 실제로 나는 닷새 정도 머물다 다음 도시로 이동했다. 하루 생활비의 곱절을 지출하며 앞으로 나아가지 못하는 나태한 패턴에 환멸을 느끼던 차였다.

47

멕시코 팔렝케

:

오래된 역사 유적의 과거와 현재

정말이지 팔렝케는 장엄하다. 신전과 여타 건물들이 너무나도 장엄해 그 시대 사람들이 어떤 삶을 살았으며, 어떤 왕조를 이루고 살았는지 전혀 감이 잡히지 않는다. 후손들이 서양 자본주의에 종속되어 서양의 언어를 쓰고, 서양의 검은 음료에 의지하며 선조들의 영광을 이용해 장사치가 될 거라고 상상이나 했을까. 마야 시대의 영광은 지금 시기엔 남아 있지 않다. 지금의 멕시코는 이것저것들로 뒤섞인 혼종에 불과하다.

다만 팔렝케만큼은 인상적이었다고 말할 수 있다. 수백 년간 밀림 속에 묻혀 있다 비교적 최근인 1940년대에 발견된 것치고는 보존상태가 양호하다. 100페소가 넘는 입장료가 아깝지 않을 만큼. 정말이지 팔렝케 앞에서만큼은 고개를 끄덕였다.

멕시코 산크리스토발

⋮

숙소에 앉아 하릴없이 멍을 때렸다

아무것도 하지 않는다. 하지만 이러한 삶 속에서도 패턴은 존재한다. 아침을 먹으면 자연스레 점심시간이 다가오는데, 그 시간에 무엇을 했는지는 정확하게 알지 못한다. 다만 마실을 나가는 다른 이들을 배웅하며 자리를 지키다 보면 시간이 순식간에 녹아내린다는 거다. 무작정 쉬는 것. 처음 하루는 야간버스를 타고 와 피곤해서 아무것도 하지 않았고 나머지 이틀은 충전기를 팔 만한 곳을 찾아 헤매느라 아무것도 하지 않았다. 앞으로 일주일을 머물지, 열흘을 머물지는 아무도 모른다. 다만 저녁에 있을 맥주와 양질의 과자가 걸린 홀라나, 고스톱과 같은 카드 게임에서 반드시 이겨야 한다는 일념으로 하루를 보내고 있다.

한인민박으로 온 덕분인지 마음은 편하다. 어딘가에 의지까진 하지 않더라도 들러붙을 수 있다는 생각이 한몫하고 있다. 게다가 이번 여행의 테마에 맞춰 아무것도 쓰지 않고 아무것도 하지 않고 있는데 청바지를 꺼내 입어야 할 서늘한 날씨임에도 귀찮아서 입지 않고 있다. 또한 밖에 나가는 행위는 더더욱 하지 않고 있는데 저녁거리를 사러 간다거나 과일을 사러 가지 않는 이상 민박에 붙박이처럼 마냥 붙어 있는 게 부지기수지만, 한국에서는 큰맘 먹고도 먹지 못할 망고가 하나에 2백 원밖에 하지 않으니 '아무것도 하지 않아야 한다'는 규정을 깨뜨려도 좋다.

온 동네를 다니며 하루에 사진 200장씩을 남겨야만 여행이며, 아무것도 하지 않으며 흐르는 물에 몸을 맡긴다고 하여 여행이 아니라고 말할 순 없다. 게임에서 져 과자나 군것질거리를 사러 문을 열면 멕시코가 "Hola!" 하고 인사를 건네는데 문 하나를 사이에 두고 한국에서 완연한 멕시코로 넘어가는 것 또한 여행이다. 이러한 삶의 패턴에 익숙해진 채로 여러 날이 흐르고, 떠나는 날이 가까워져서야 규정이 깨지게 되었는데, 나와 같은 성향을 지녔지만 여행 패턴만큼은 조금 달랐던 오리스탈의 등장 때문이었다.

그는 나를 밖으로 인도했다. 시내에 있는 기념품시장에 간 것도 그때가 처음이었다. 괴기스러운 해골 모양의 노리개를 본 것도, 타코나 케사디야 같은 음식을 먹은 것도 그때가 처음이었다. 산크리스토발에 온 지 일주일이 지나서야 겨우 시내에 나갔다기보다는, 일주일만에 할 수 있는 걸 겨우 이루어 냈다고 생각한다. 무미건조함. 구태여 발 벗고 나설 필요가 없는 것이었다. 하루 종일 머물던 숙소가 천국이었음을. 인도 바라나시에서는 가트와 골목 어귀 외엔 어느 곳도 가지 않았고, 제주도에선 바다가 보이는 테라스를 두고 낮술과 밤술, 새벽술을 즐겼다. 자신에게 맞는 방식이 있다면 굳이 '무언가를' 하지 않아도 좋다.

그럼에도 코카콜라를 숭배한다는 전설이 내려오는 차물라마을이나 그보다 더 멀리 있는 반군마을인 오벤틱을 소화한 건 서로가 서로를 도라이로 지칭한 사이인 오리스탈 덕분인지 모르겠다. 나와 색깔이 다른 이였다면 반기를 들었겠지만, 이상하리만큼 동족의 말이라면 자연스레 따르게 되더라. 때 아닌 속병에도 두 여행지를 모두 간 나

를 보면 꼭 규정이나 테마 따위를 지켜 가며 사는 사람은 아니었다.
이마저도 곧 고정관념일 테니.

내일이면 과테말라로 간다. 산크리스토발만큼이나 한가로울 수도
있고, 그와 반대로 시간에 쫓기거나 쉽사리 마음을 놓을 수 없는 여
행지라 여겨 떠날 수도 있다. 큰 기대는 하지 않는다. 언제나 여행이
그랬듯 말이다.

49

과테말라

:

오토릭샤와 치킨버스가 함께하는 나라

두 대의 버스를 갈아타고, 한 번의 국경을 넘고 열두 시간여를 달린 끝에 겨우 호수마을에 닿았다. 처음 도보로 국경을 넘을 땐 멕시코나 과테말라나 크게 다를 게 없구나 싶다가도 인도에서나 볼 법한 오토 릭샤와 1980년대 미국의 스쿨버스를 개조한 괴기스러운 치킨버스(닭 장처럼 승객을 많이 태워 일명 '닭장버스')의 등장에 새삼 과테말라에 왔음을 실감했다. 거리의 혼잡스러움과 매연, 아수라장은 인도를 연상시켰 지만, 파나하첼은 내가 머물 곳이 아니었다.

인도만큼이나 무질서하고 들이쉬는 숨에 기도가 턱턱 막히는 곳. 그러나 인도만큼 정감이 가지 않는 건 인위적인 풍경 때문일지도 모르겠다. 도착한 지 얼마 지나지 않은 터였거나, 아니면 이미 혼잡함의 끝 인도에 많은 정을 쏟아부었거나. 그래도 어딘가 정감 갈 구석이 있을까 싶어 자전거를 타고 한 바퀴 돌았지만, 이마저도 변변치 않아 속히 산페드로로 넘어가기로 했다. 마을을 사이에 두고 커다란 호수가 자리하고 있는데, 현지인들은 보트를 타는 일이 일상인지 노련하게 자리를 잡고 있다. 하지만 여행자인 나는 모든 게 새로울 뿐이다. 소금기 없는 물살이 파도가 되어 덮쳐 온다. 현지인들은 이마저도 익숙한지 노련하게 비닐로 된 창문 덮개를 닫는다. 그러곤 전화를 걸거나 페이스북을 통해 새로운 소식들을 내려 읽는다. 거센 물살이나 고막을 찌르는 엔진소리가 꽤나 의식이 되기도 하겠다만, 이미 오랜 시

간 호수와 함께한 이들은 이마저도 삶의 일부였다.

산페드로는 호수를 지척에 둔 언덕에 형성된 작은 군락이었다. 호수 주변으로는 여행자들이 갈 만한 레스토랑이나 카페, 여행사들이 주를 이루었고, 뭍에서 멀어질수록 현지인들이 사는 마을이 나왔다. 시장이나 은행, 타코를 파는 포장마차나 중남미 어디에나 자리한 광장까지. 괴기스러운 문양 가득 박힌 치킨버스가 괴기스러운 소리와 괴기스러운 빛을 연신 내며 골목 안으로 들어오는데 안 그래도 좁디좁은 마을의 평화는 운전자의 손에 달리게 된다. 하지만 이마저도 익숙한지 현지인들은 의식하지 않는다.

숙소는 호숫가로 내려가는 길목에서도 외곽에 있었다. '페넬레우

(Peneleu)'라고 하는, 정보 교류를 목적으로 생긴 여행자 대화방에서 꽤나 유명한 곳이었다. 산페드로를 여행하는 한국인들이 대부분 간다는 곳. 하지만 왜 이곳만 정평이 나 있는지에 관해선 아무도 알지 못했다. 가격이 저렴해서는 아니었다. 그렇다고 비싼 편도 아니었다. 인터넷이 빠르거나 주방이 잘 되어 있지도 않았다. 세상 이보다 느린 인터넷은 몽골 초원 복판과도 다름없었으며, 주방은 헛웃음을 한 번 터뜨려 줄 처지였다. 그렇다면 숙소에서 보는 풍경이 좋은가? 이건 맞았다. 산크리스토발에서 '아무것도 하지 않음'을 함께한 주원의 방 앞에는 시야의 절반 가까이 차지한 호수와 해먹이 함께하고 있었다. 이 정도 풍경이라면 충분히 사람들이 모이겠다 싶은 그런 풍경이었다.

1. 산페드로 역시 산크리스토발의 연장선과 다름없었다. 그러고 보면 두 도시의 첫머리엔 '산'이 들어가는데, 산으로 둘러싸여 오도 가도 못한다는 '뫼 산'이거나 정신이나 다잡은 마음이 흩어져 아무것도 하지 않게 된다는 '흩어질 산'일 수도 있다. 점심 무렵이 되면 카페에서 진을 쳤고, 해 질 무렵이 되면 호숫가로 갔다. 제3자가 되어 타인의 시선을 따라가거나, 예능프로그램을 보곤 했는데 이 또한 의미 없는 일은 아니었다. 타인의 시선을 따르면 내가 그 사람이 되어 새로운 일을 하는 듯한 느낌을 받았고, 예능프로그램에 빠져 있을 때엔 과테말라인 현 세계와 화면 속의 가상 세계를 넘나드는 듯해 기분이 오묘해졌다. 두 가지 일 모두 과테말라라는 기본 바탕에 향긋하거나 짭조름한 향신료를 첨가하는 일일 뿐 구태여 의미 없는 일이라 말할 순 없었다.

2. 상대방이 안 좋은 일을 겪었을 때 '괜찮냐'는 물음과 '많이 힘들었 겠다' 하는 공감이 아닌 '그러게 그러면 안 됐어야지' 하는 차가운 말로 일관하는 건 인도나 이곳 과테말라나 다른 건 없어 보인다. 이미 나의 것으로 가득 차 있어 상대방의 고통까지 함께하기엔 마음의 여유가 없다는 거다. 사실 가난에서 벗어난 지 그리 오래되지 않은 한국도 마찬가지였다.

3. 발랄하게 버릇없는 멕시코와 우울하게 버릇없는 과테말라. 동양 인을 두고 치노(중국인)라고 하는 놀림도 어딘가 우울해 보인다. 그 들 스스로 하여금 갖게 된 패배의식을 위장해 자민족의 자부심이 나 자긍심으로 합리화하려는 의도. 이들의 놀림마저 감싸 안으려 는 행위는 상대적 '부자 나라'에서 온 여행자의 위선인 걸까. 아니 면 레이시즘을 외치며 분노해야 함이 맞을까.

4. 코미디언이 대통령으로 당선된 나라. 대통령으로 선출할 사람이 얼마나 없었으면 일반 정치인이 아닌 코미디언을 당선시켰을까 싶다가도 정치풍자와 사회자 역할을 했던 사람이라는 말에 다시 한번 보게 되었다. 한국으로 치면 김제동, 더 나아가 유병재 같은 인물이 대통령에 당선된 셈이다. 나라를 바꾸자는 진보주의자의 손을 들어 준 건지, 아니면 국민들의 무지에서 비롯된 단순한 인기 투표에 불과한 건지에 관해선 내 얕은 지식으로는 도저히 알 방도 가 없었다.

5. 안티과에서 한국인 여행자가 카메라와 핸드폰을 비롯한 귀중품

을 강도 맞았다는 소식을 접한 건 안티과로 떠나기 하루 전이었다. 사건이 터진 건 대낮의 어느 카페, 카메라와 핸드폰을 테이블 위에 그대로 올려놓았던 한국인 여행자들은 2인 1조로 된 강도에 처참히 무릎을 꿇을 수밖에 없었다고 하더라. 소식은 여행자 대화방을 통해 실시간으로 전파되었고 안티과를 앞둔 나와 주원은 다소 우울해졌다. 우리에게만큼은 이런 일이 일어나지 않기를 바라며 타인의 일로 생각하는 것 또한 위선이리라.

부활절을 앞둔 안티과는 축제 분위기로 한창이었다. 때맞은 축제에 모여든 사람만큼이나 방값 또한 천장을 향해 고공행진 중이었다. 그나마 최저가라고 구한 숙소가 주방도 없는 데다 닭장처럼 스물세 명의 짐들이 널브러져 있음에도 1만 원을 웃돌고 있었으니 말이다. 주방이 없다 보니 먹을 만한 음식은 극히 제한적이었다. 생각 외로 갈만한 식당이 많이 없는 데다 이미 음식재료를 사 왔다는 사실이 나를 우울하게 만들었고, 숙소 밖은 웅장한 축제 음악으로 한껏 열을 올렸다.

축제는 순례 행렬이나 광장이나 골목 어귀에 꽃잎으로 작품을 만드는 작업이 주를 이뤘는데, 그저 웅장하다는 생각밖에 들지 않는 건 부활절에 관한 지식이 없어서일 거다. 늦은 밤까지도 사람들이 나와 있어 마음 놓고 활보할 수 있다는 것. 그러나 이는 다른 세상의 이야기가 되어 서 있어도 마땅히 설 자리가 없게 되었다. 부활절이 아닌 다른 때에 왔더라면 안티과는 좀 더 다른 모습으로 다가왔을 수도 있다. 하지만 지금의 안티과는 뿌리조차 내릴 수 없는 황량한 땅이었다. 이전 여행지에서부터 예약해 둔 4일이라는 시간이 지나고 나서야, 나는 겨우 제대로 박히지 않은 뿌리를 걷어 낼 수 있었다.

사진으로 보는 안티과는 꽤나 괜찮은 여행지였음을 말해 준다.

이는 오랜 시간이 흐르고 나서야 깨달은 사실이었다.

산페드로에서 주원과 함께 라면을 끓여 먹은 적이 있다. 멕시코에서 공수해 온 오뚜기 라면에 여러 채소를 넣은 라면이었는데 정말이지 그 어떤 라면보다 얼큰한 맛이었다. 거기에다 맥주까지 함께하니 환상의 조합이나 다름없었다.

주원에게 내 이야기를 하며 오랫동안 끌고 나간 건 맥주를 들이켜고 얼마 지나지 않아서였다. 주로 건설 현장에서 일했던 얘기나 편의점에서 알바를 했던 얘기가 주를 이뤘는데, 이상하리만큼 이야기를 오래 끌고 나간 건 그때가 처음이었다. 내 이야기를 그렇게까지 길게 들어 주는 사람을 만난 것도 그때가 처음이라 그랬겠지.

원래 나는 말을 길게 이어 나가지 못한다. 말주변이 없어 어머니와 처음 연애할 때 매일같이 편지를 써서 마음을 전했다는 아버지를 그대로 닮았기 때문이다. 대화의 흐름을 이끄는 건 주로 상대방이었다. 언제나 나는 들어 주는 역할이다 보니, 그에 익숙해져 발음이 새지 않고 논리정연하게 말을 하는 건 꽤나 어려운 일이 되어 버렸다.

그럼에도 그날 따라 조리 있게 말을 이어 나간 건 도대체 어떤 이유에서인지. 술의 힘이었을 수도 있고, 주원이라는 사람에게만큼은 마음을 터놓을 수 있다는 생각이었을 수도 있겠다. 여러모로 내 인생에선 몇 안 되는 그런 순간이었다.

#50

콜롬비아 보고타

:

남미의 낯선 도시가 서울같이 익숙하게 느껴진다면

보고타는 꽤나 발전되고, 생각 외로 마음을 터놓을 수 있는 도시였다. 세계에서 가장 위험한 도시로는 멕시코시티와 어깨를 나란히 한다기에 아침부터 꽤나 눈치를 살폈건만, 출근길 사람들로 그득그득한 버스는 지극히 서울이었다. 도로 한가운데에 놓인 중앙차로는 물

론이고 공항에서 산 교통카드를 단말기에 대니 '그라시아스!' 하면서 요금이 뜨는데, 이 또한 정겨워서 보고타에 오래 머물러도 되겠다 싶었다.

사이타 호스텔은 보고타에서 한국인들이 가장 많이 찾는 호스텔이었다. 도시마다 여행자들이 단골로 가는 호스텔이 한 곳씩은 존재하는 법. 보고타에 간다는 나의 말에 뭇 여행자들은 사이타에 가지 않느냐며 연신 칭찬 일색이었다. 호스트의 친화력, 인간미 때문인 걸까, 아니면 여행자들이 모일 만한 공간이 있어서 그런 걸까. 시내에서 골목 끝까지 올라오니 노란 건물 하나가 모습을 드러낸다. 콜롬비아에서 머문 한 달에서 절반을 함께했으니 인생 호스텔이라고 해도 좋다. 그러한 이유는 다음과 같았다.

1. 맛있는 음식이 넘쳐 난다.

마음 편하게 식사를 즐기는 것만 한 행복은 없다. 어디 가서 굶을 걱정 없이 선택권이 다양하니 오히려 행복한 고민에 빠져도 좋다. 피자와 치킨은 지척에, '대왕' 자를 붙여도 좋은 햄버거는 광장 가기 전에 있다. 호스텔에 머무는 유학생을 통해 현지 식당을 알아놓은 건 물론 대형마트까지 있어 준 덕분에 직접 음식을 만들기에도 용이했다. 서투른 식감의 빵에 햄과 치즈, 달걀이나 여러 고기들을 넣어 만든 아레파는 또 하나의 별미였다.

2. 근처에 저렴한 미용실이 있다.

여행자들의 로망, 여행자 대화방에서 한 번쯤은 오르내리던 이야기였다. 남미에서 머리하기. 나 또한 시기가 늦어진 바람에 쿠바에서 하려던 머리를 콜롬비아에서 하게 되었는데, 스페인어를 할 줄 모르니 corte(cut의 스페인어)라는 단어와 손가락으로 가위질하는 시늉, 처음 여행 떠났을 때의 내 사진을 들고는 무작정 미용실을 찾을 수밖에 없었다. 결과는 예상대로 참담했다. 한 번도 시도하지 않은 원형머리의 등장. 그럴듯한 사진으로 성공을 맛보리라 생각한 건 크나큰 내 불찰이었다. 시간이 흐름에도 상태가 그대로인 건 본질 자체가 틀림을 의미한다. 결국 이 머리는 파라과이에서 교민들이 자주 간다는 미용실에 가서야 겨우 벗어날 수 있었다.

3. 대사관이 있다.

보고타에 처음 도착했던 4월 말은 재외국민 투표가 있던 기간이었다. 그 기간에는 무조건 대사관이 있는 도시로 가야 한다. 멕시코에서 콜롬비아로 가는 비행기가 마침 4월 25일이다 보니, 투표는 자연스레 보고타에서 하게 되었다. 한국에서도 부촌인 서울 한남동에 대사관이 모여 있듯, 보고타에서도 파나마를 비롯한 여러 대사관이 부촌에 모여 있었다. 저 멀리에 보이는 태극기, 대사관 안으로 보이는 괘종시계와 여러 장식물들, 그리고 무엇보다 반가운건 지극히 한국적인 한국어 안내판이었다. 외국인이 쓴 번역체가아닌 한국인의 손길이 닿은 자연스러운 한국어 문체. 잠시 동안이었지만 지극히 한국적인 모습에 대사관 밖으로 나가지 못했다.

4. 걸어서 30초 거리에 빨래방이 있다.

정확한 금액은 기억나지 않지만 1kg에 1300원 정도로 기억한다. 콜롬비아 물가가 워낙에 낮은 데다 관광지와 거리가 먼 로컬 가게임이 한몫했지만 사실 보고타만 한 곳은 없었다. 아르헨티나 부에 노스아이레스에서 빨래를 맡겼다는 이야기나 페루 쿠스코하고 비교해도 지나치게 저렴하다 보니, 빨래는 이미 일상이 되어 보름만큼은 깨끗하게 지냈더랬다.

이렇도록 사랑스러운 보고타였지만, 일상이 반복되어 현재에 안주할수록 새로운 곳을 향한 설렘은 커져 가는 법이다. 한곳에 오래 있

지 못하는 여행자의 본성은 바뀌지 않는다. 보고타를 벗어난 다른 콜롬비아는 어떤 모습일까. 메데인이나 칼리와 같은 남부는 곧 지나게 되어 있으니 희소성 높은 북부를 여행하기로 한다. 액티비티로 유명한 산힐과 소도시인 바리차라와 비야 데 레이바까지. 수많은 이야기가 떠도는 콜롬비아지만, 이미 여러 차례 사람들이 오간 곳이기 때문에 충분히 안전할 거라 믿는다.

#51

막장 국가 베네수엘라
당일치기로 여행하기

산힐로 가는 버스는 밤 10시에 있었다. 터미널까지 시내버스로 가 겠다고 하자 호스트 존이 깜짝 놀라며 극구 만류하기에 우버를 부르 기로 했다. 일주일가량 머문 보고타가 벌써부터 만만하게 보였던 걸 까. 세계에서 가장 위험하기로 1, 2위를 다투는 도시. 이야기만 듣고 는 무정부상태 그 이상이었던 도시가 며칠 만에 서울처럼 눈앞이 훤 한 도시로 전락하고 만다. 막상 와 보니 그렇게 위험하지 않더라. 벌 써부터 그렇게 안일해도 되나 싶지만, 사실 여느 여행지가 다 그렇듯 조심하게만 다니면 사건은 일어나지 않는다.

잠깐 눈을 붙이고 일어나니 밖은 이미 환해져 아침을 맞고 있었다. 가까이에 도시가 보이고 차가 막히는 걸 보니 출근길 행렬에 끼인 걸 까? 도시, 아침. 그리고 보면 보고타와 산힐 사이엔 저렇게 큰 도시가 없다. 본디 산힐 도착은 새벽일 텐데 지금 시간인 걸 보면… 목적지 를 보기 좋게 놓쳤다는 거다.

그렇다. 놓쳐 버린 거다. 한 번쯤은 뒤척여 잠에서 깰 법도 하다만, 단 한 번의 꿈과 단 한 번의 불편함도 없이 기분 좋게 놓쳐 버린 거다. 목적지를 지났다고 한들 다시 되돌아가면 그만이다. 위치도 지금 산힐에서 두 시간 거리인 데다 아침 8시도 안 됐기 때문에 시간은 충분하다. 하지만 그 어느 때보다 세차게, 그칠 줄을 모르고 비가 오는 건 콜롬비아의 우기를 간과했기 때문은 아닐까? 스콜이 와도 이상할 게 전혀 없는 5월이다. 우산도, 도시 부카라망가에 관한 정보도 없던 나는 꼼짝없이 종점 쿠쿠타까지 갈 수밖에 없었다.

베네수엘라의 접경지대임과 동시에 세계에서 가장 위험한 도시에 당당히 순위를 올린 쿠쿠타는 여행경보 3단계 철수권고에 빛나는 도시였다. 쿠쿠타에 한 번쯤은 가려고 생각했다면, 이는 곧 국경을 넘어 베네수엘라로 가겠음을 의미한다. 도전의식 넘치는 여행자로서 한 번쯤은 욕심내던 곳이었는데, 마침 늦잠까지 자 버린 덕분에 쿠쿠타까지 가게 되는구나. 인간으로서 끝내지 못한 고민을 한 번에 해결해 주니, 이는 곧 운명이나 다름없다.

오후 12시, 대관령을 방불케 하는 고원지대를 지나 한 휴게소에 멈춰 선다. 여기서 얼마나 쉬어 가는지, 무엇을 할 수 있는지는 알지 못한다. 다만 같은 버스에 오른 이들을 통해 시간과 행동반경을 유추할 뿐이다. 화장실만 다녀온다면 짧게 멈춰 서는 것, 식당에 앉아 느긋하게 웨이터를 부른다면 오랫동안 쉬어 가는 걸 테니. 내 앞에 한 가족이 식사를 하는 걸 보니, 아무래도 오래 쉬어 가는 게 분명했다.

스페인어를 완벽하게 구사하진 못하지만, 쿠바 이래로 라틴문화권에 들어선 지 벌써 두어 달이 되다 보니 몇몇 단어만으로도 메뉴를 유추할 수 있었다. 우선 Desayuno는 아침을 의미하므로 제외한다. pollo는 닭고기, cerdo는 돼지고기, carne는 소고기. 그 외로 frito는 튀김, bebida는 음료였지만 우선 참고만 해 두고. 첫 줄에 'Carne

Asada'라는 메뉴가 유난히 눈에 띄기에 한번 도전해 보기로 한다. 한
국에서 귀한 소고기니 외국 나가서 양껏 먹어 보자. 그리고 보통 첫
줄에 있는 메뉴가 중간 이상 정도 하는 건 세계 어딜 가나 공공연한
사실이다. 우리 식당을 먹여 살릴 자부심과도 같은 메뉴. 그런 의미
라는 거다.

5분 정도가 지나자 소뼈에 살점이 양껏 붙은 수프가 등장한다. 감자
와 콩이 여럿 들어간 걸쭉한 스프가 11000페소(4천 원)이면 물자조달
어려운 휴게소에선 충분히 받을 만한 가격이라고 생각했다. 물론 콜
롬비아 물가치고는 굉장히 비싼 데다 성의 없는 수준인 건 맞지만,
버스에서 일어나 맞는 첫 끼였다. 처음으로 접하는 식사인 만큼 최대
한 기분 좋게 먹으려고 했다. 쿠쿠타까지 얼마나 더 가야 하는지 모
르는 데다 버스도 언제 떠날지 모르기 때문에. 그런데 저기 새로 나
오는 음식은 도대체 뭘까? 나는 주문이 잘못되었나 싶어 따지려고

했다.

아까 먹었던 수프는 그저 애피타이저에 불과했던 것. 본음식이 들어가기에 앞서 위장을 따뜻하게 적시는 용도에 지나지 않았던 거다. 힘껏 구운 소고기와 찰기 없는 쌀. 푸석푸석한 사이드 메뉴와 조미료 안 섞인 주스까지 모든 게 남미스러웠다. 타 문화권 사람들의 발길이 적을수록 현지의 맛을 그대로 유지하는 법. 나 이후로 얼마나 많은 여행자들이 다녀갈지는 모르지만, 여기 휴게소만큼은 그 모습 그대로 남아 있기를 바라며.

시간이 되자 버스기사는 곧 출발한다는 메시지를 남긴다. 쿠쿠타! 쿠쿠타! 군더더기의 말도 없이 버스의 목적지만 연신 말하는 것. 세상에 이와 같이 간단한 방법은 없을 거다. 산길을 굽이굽이 달린 지 네 시간, 보고타에서 출발한 지 열여덟 시간 만에 쿠쿠타에 도착한다. 이는 폭우로 인한 산사태로 갇혀 있던 한 시간까지 포함된 시간이었다. 버스에서 내리니 예상치 못한 더위와 함께 습기가 덮쳐 온다. 비슷한 위도여도 해발고도가 높아 긴팔을 입어야 했던 보고타와 달리, 쿠쿠타는 고도가 낮아 완벽한 열대우림 기후를 띠고 있었다. 여행경보 3단계 철수권고, 여전히 비는 내리고. 평범하기 짝이 없을 사람 사는 동네가 삽시간에 악의 소굴이 되어 버린다. 쿠쿠타라고 해서 사람들 머리에 뿔이 달리거나 사탄마귀가 씌었다는 건 말도 안 되지 않은가. 세계에서 살인율이 높기로 50위권 안에 드는 도시, 차라리 모르고 오는 게 훨씬 나을 뻔했다.

숙소는 터미널 가까이에 있었다. 도전의식 넘치는 여행자의 과한 정보력이 큰 빛을 발했다. 골목을 지나 5분 거리, 그 짧은 거리를 걷는 데도 무서워 주위 눈치를 봐야 함이 옳았다. 보고타나 쿠쿠타나 같은 콜롬비아겠다만, 아니다. 현저하게 달랐다. 적도의 습기에 기한 음산함에 행여 밖으로 나갔다간 총으로 무장한 강도에 모든 것을 내줘야 함이 분명했다. 탈탈거리는 선풍기와 두 평 남짓한 공간, 네 칸 펑펑 터지는 인터넷으로 세상과도 맞닿아 있음은 물론 배달서비스로 음식까지 주문해 먹을 수 있는 환경이 내겐 그저 천국과도 같았다. 덕분에 호스트로부터 열쇠를 받은 이래론 아침이 될 때까지 한 발자국도 움직이지 않았더랬다.

세계 석유 매장량 1위 국가, 하지만 심각한 경제난으로 인플레이션을 동반한 물가폭등에 골머리를 앓는 나라. 화폐가치가 워낙에 폭락해 고액권의 지폐를 연이어 발행하고, 그럼에도 물가는 여전히 천정부지로 치솟아 돈다발 몇 개로도 사소한 생필품 하나 구하지 못하는 상황에 놓였다. 아프리카의 짐바브웨가 그랬고 과거의 유고슬라비아가, 그리고 1차 세계대전 이후의 독일이 그랬다. 하지만 인플레이션의 역사는 베네수엘라에선 여전히 현재진행형이었다.
화폐가치가 워낙에 폭락한 나라다 보니, 공식적으로 책정되지 않은 암환율이 존재한다. 공식적으로 거래되는 가치와 일반에서 거래되는 가치가 다르다는 것. 환율정보 사이트인 달러투데이에 의하면 1달러에 5000볼리바르 정도 된다고 한다지만, 이보다 중요한 건 뭐니 해도 역시 치안이었다. 외교부에서 여행금지 국가로 지정한 나라는 아니었지만, 여행자에다 스페인어를 할 줄 모르는 나조차도 충분히 갈 수 있는 곳인지. 호스트에게 현재 상황을 묻자 영상 하나를 보여 준다. 폭탄 테러로 아수라장이 된, 수도 카라카스에 관한 영상이었다.

저기 그러니까 수도 말고 국경은 상황이 어떤지…….

국경은 다행히 안전하다고 했다. 일반적으로 알고 있던 정보나 여행자로부터 들은 이야기와는 완전히 달랐지만, 스쳐 지나가는 여행자보단 이 땅에 살고 있는 현지인의 말에 신뢰를 더 줄 수밖에 없었다. 수도보다 국경이 위험하다는 이야기는 애초부터 거짓이었던 걸까? 아니면 이번 폭탄 테러로 상대적으로 국경이 안전해진 걸까. 콜롬비아 측 국경 라 파라다(La Parada)까지 가는 버스의 정류장까지 호스트가 동행하기로 했다. 로컬버스다 보니 아무래도 타는 방법이 꽤나 까다로운 모양새였다.

초록색 버스는 어느 나라를 떠돌았기에 이다지도 오래되어 보일까. 과테말라의 치킨버스가 미국 스쿨버스를 가져다 과테말라만의 화려함으로 개조시켰듯 이곳 콜롬비아의 버스는 어떤 유구한 역사를 지니고 있을까. 시내를 돌며 승객을 여럿 태울 때쯤이면 한두 명씩은 꼭 잡상인이 타곤 한다. 사탕이나 초콜릿 같은 음식을 비롯해서 잡스러운 물건들까지. 사람들의 반응이 없으면 늘 그랬듯 태연한 얼굴로 30초 광고처럼 스쳐 지나간다. 그렇게 대여섯 편의 광고가 시냇물 흐르듯 흘러가고, 마지막으로 사람들의 호응을 꽤나 이끄는 편이 하나 등장한다. 무엇을 팔았는지는 알지 못하지만, 그 무언가가 내 손 위에 올라오기 시작한다. 훈훈한 상황전개에 절로 웃음이 나고, 장사꾼도 따라 웃는다. 하지만 실랑이는 이때부터였다. 2인 1조였던 장사꾼 중 다른 한 명이 내게 돈을 내놓으라고 하지 않던가. 방금까지만 해도 머금고 있던 웃음기를 죽이고는 전투태세에 돌입했다. 스페인어를 알아듣지 못했기 때문에 내가 추측한 상황은 다음과 같았다.

나: 물건을 손 위에 올려놓았다는 이유로 돈을 낼 수는 없다.

장사꾼: 무슨 말인지 모르겠으니 돈부터 내라.

장사꾼은 어처구니가 없다는 듯 유창한 스페인어로 끊임없이 쏘아붙였고, 나는 그저 노 빠가르(No pay의 스페인어)만을 외치며 그를 향해 노려볼 뿐이다. 한 치의 대화라곤 찾아볼 수 없는 신경전에 장사꾼은 한발 물러나는 듯싶더니 이내 다가와선 실랑이를 재개한다. 이때, 보다 못한 내 옆의 남자가 작은 목소리로 내게 말을 건넨다. 저 사람 아우토부스라고.

아우토부스?

그렇다. 버스. 장사꾼인 줄 알았던 남자는 요금을 걷는 버스의 차장이었던 거다. 사건의 퍼즐을 이제야 꿰맞춘 내가 "아우토부스?" 하며 되물으니 그제야 웃으며 맞다고 하더라. 국경 가는 길에서도 사건이 일어나는데, 베네수엘라에선 어떤 더한 일이 일어날까. 버스는 어느 한 곳에 멈춰 서더니 사람들을 모두 토해 내기 시작한다. 북적북적한 마을과 강가에 놓인 다리 하나. 콜롬비아에서 베네수엘라로 가는 마지막 길목이었다.

출국수속부터 국경을 넘는 것까지 모든 게 일사천리였다. 한국 여권을 보여 주니 내 얼굴을 슥 한 번 보곤 무심한 듯 출국도장을 찍어 준다. 국경이 가장 민감한 지역이라는 이야기는 비단 베네수엘라만의 이야기인 걸까? 콜롬비아 측의 라 파라다는 오히려 활기차다면 활기찼지 여느 국경과는 다를 바 없어 보였다. 언론에서 말하는 현재의 정치경제 상황은 사실과 다름이 없으나 치안이나 도시 분위기에 관해선 어느 정도의 과장이 섞였을 수도 있다. 모든 것이 그렇듯 직접 보고 느끼지 않은 사실은 대부분 타인의 주관이 가미되어 있는 법이니까.

반나절뿐이 머무는 곳일지라도 환전은 빼놓을 수 없는 중요한 과제였다. 하지만 베네수엘라의 경제 상황 탓에 환전소는 문을 닫아 없었고, 일정의 콜롬비아 페소와 소량의 미화만 가지고 있었던 나는 아무 가게나 들어가서는 암환전을 시도해야 했다. 달러 유입이 귀한 만큼 환전은 의외로 쉬울 것이다. 첫 번째와 두 번째 가게에서는 실패. 세 번째 가게에서는 주변 눈치를 살피더니 조용히 환율을 제시한다.

1:3000

1달러에 3000볼리바르. 인터넷 사이트에서 나온 값에 비해 확연히 덜 쳐주는 값이었지만, 애초에 국경을 점심 무렵에 넘은 데다 한 시간 반 거리인 산크리스토발까지 가야 했던 나에겐 그리 적은 값은 아니었다. 5달러를 건네주자 100볼리바르를 돈다발로 150장을 건네준다. 생전 처음 보는 돈다발의 자태에 절로 입이 벌어짐은 물론, 그 많은 돈을 어디에 숨겨야 할지 감조차도 잡히지 않는다. 현재 시각 오후 2시 30분, 콜롬비아보다 시차가 한 시간 빠른 탓에 서둘러 이동해야 했지만, 지폐 장수를 세는 데도 한 세월이 걸려 오도 가도 못한다.

터미널을 지나 큰 도시 산크리스토발행 버스를 타는 데도 한 세월, 결국 3시가 훌쩍 넘은 시간에야 출발하기 이른다. 도시는 제대로 보지 못한 채 버스에서만 시간을 보내야 할 수도 있지만, 그 또한 베네수엘라 속에 스며드는 걸 테니 그마저도 괜찮다고 생각했다.

결론적으로 나는 산크리스토발엔 단 30분도 머무르지 못했다. 해가 지는 시간, 언제일지 모르는 국경폐쇄시간까지 감안한다면 그 즉시 터미널에서 국경 가는 버스를 타야 함이 옳았기 때문이다. 짧은 시간, 하지만 버스 안에서 있었던 차장과의 또 한 번의 실랑이에서 느낀 야성과, 인도를 능가하는 터미널의 혼잡함은 베네수엘라만의 덜 익혀진 면모에 근접하기 충분했다.

다시 국경마을, 땅거미는 이미 내려앉아 어둑어둑해졌지만, 군인으로부터 국경폐쇄시간에 관한 얘기를 듣고는 이내 한숨을 돌린다. 폐쇄까지 앞으로 두 시간, 생각해 보니 아침에 일어난 후로 한 끼도 먹지 않은 나였다. 거리를 걷다 포장마차를 발견하곤 자리를 잡는다. 햄버거를 파는 가게였는데 시선을 끈 건 역시 가격이었다. 3900볼리바르, 5000볼리바르, 6000볼리바르. 100볼리바르짜리 지폐를 각각 39장, 50장, 60장을 쥐야지만 겨우 햄버거 하나를 얻을 수 있다는 거였다. 그 많은 지폐는 어떻게 세나 했더니, 아이러니하게도 조수로 보이는 아이가 지폐계수기로 돈을 세고 있더라. 옆 포장마차에도 있던 계수기는 정부지원인 걸까? 아니면 개인 사비로 공수해 온 히든카드인 걸까. 떠나는 순간마저도 강렬했던 베네수엘라, 언젠가 다시 오게 된다면 이전에 보았던 야성성 강한 모습 그대로이기를.

다시 돌아온 보고타, 다시 돌아온 사이타. 일상은 변함없었고 서울과 같은 삶이 반복되었다. 여행을 마치고 돌아와 맡은 고향 내음이 코끝을 스치운다. 익숙한 공기, 익숙한 골목, 익숙한 사람들. 하지만 그 익숙함엔 대마초 냄새와 남미만의 열정 어린 시끌벅적함도 섞여 있으니 이 또한 여행임을 망각한 건 아니었을까.

#52

페루 리마

⋮

Despacio

'리마' 했을 때 떠오르는 요리는 단연 치파였다. 지구 반대편 페루에서 만나는 중국 요리. 남미에서는 이미 고유명사로 통하는 '치파'라는 이름은 볶음밥을 뜻하는 중국어 '차오판'에서 나온 말은 아닐까. 실제로 치파를 대표하는 일등 요리는 볶음밥이었다. Arroz Chaufa. 비단 중국집뿐만 아니라 여느 식당을 가도 한 개씩은 자리한 서브 메뉴였다.

리마엔 치파가 골목에 하나씩 있을 정도로 그 수가 즐비했다. 한국에 있는 치킨집 수만큼 리마엔 치파가 자리하니, 얼마나 많은 화교들이 남미에 이주해 왔으며 그들의 문화가 얼마나 오랜 시간 동안 뿌리를 내린 걸까. 페루에 와서 첫 번째로 먹은 음식 또한 중국 음식이었다. 볶음밥과 닭고기튀김, 그리고 잉카콜라의 조화. 사이다도 콜라도 아닌, 그렇다고 환타는 더더욱 아닌 이상하리만큼 오묘한 음료와의 만남. 색소 맛에 달짝지근한 음료가 그렇게도 좋았다. 페루의 여행자를 비롯한 모든 이들을 열광케 할 만큼. 페루에 처음 도착해 마추픽추와 티티카카 호수를 지나 볼리비아의 수도 라파스에 도착할 때까지, 나는 한시도 그를 놓지 않았다.

아르마스 광장은 구시가지의 중심지였다. 아바나와 쿠스코, 칠레의 산티아고에도 아르마스 광장이 있는 걸 보면, '아르마스'라는 이름이 중남미에선 꽤나 중요한 의미를 담고 있음이 분명하다. 커다란 광장 옆으로 지어진 식민지 시대의 서양식 건물들과 대성당, 격자로 나 있는 길은 중남미 어딜 가나 볼 수 있는 풍경이다. 멕시코가 그렇고, 콜롬비아가 그렇다 보니 웬만해선 감흥이 일지 않는다. 남미에서의 첫 나라가 페루였다면 리마의 구시가지를 앞에 두고 진한 감동에 북받쳐 몸부림을 쳤겠지. 가이드북에 표시되어 있었던 스팟, 리마에서 머무는 이틀 중에 하루는 가야 할 곳에 지나지 않았던 거다.

벤치에 앉아 하염없이 멍을 때리곤 한다. 힘들다며 칭얼댈 이도, 빨리빨리 움직이자며 재촉할 이도 없으니 모든 것으로부터 자유롭다. 나만의 리듬에 맞춰 몸을 움직인다는 것이 얼마나 감사한 일인지 모른다. 옆에 앉아 있던 미국인 노교수와 이런저런 대화를 나눈다. 내가 쓰고 있던 노트의 '신기하게 생긴 문자'를 흥미롭게 생각한 교수가 먼저 물꼬를 튼 것이다. 중국어인가요? 아뇨, 한국어입니다. 한국에서는 이런 문자를 쓰는군요. 하면서 교수는 글을 뚫어지게 쳐다본다.

미국인 입장에서 보는 한글은 어떤 모습일까. 우리가 어렵게 생각하는 아랍어와 힌디어에서 각각 휘갈김과 정갈함을 느끼듯이 한국어에서도 특정한 감정을 느끼곤 할까? 노교수의 친구라고 소개한 흑인 남자도 이를 신기하게 보곤 했다.

Despacio.

천천히. 길가 어디에서나 흔하게 볼 수 있는 말이었다. 여행이라는 게 그렇듯 발걸음을 보다 느리게 내딛을수록 보는 시각도 넓어지겠다만, 브라질 리우까지 한 달밖에 남지 않은 상황에서 천천히는 도저히 무리였다. 와라즈의 69호수와 쿠스코의 마추픽추와 무지개산. 앞으로 가게 될 볼리비아나 다른 나라들을 염두에 둔다면, 리마는 오늘밤에라도 떠나야 함이 마땅했다. 야간버스를 타고 가는 10시간여의 여정, 그 끝엔 해발 3000m의 와라즈가 있었다.

바다와 맞닿은 리마와 달리, 고산지대나 다름없는 와라즈의 추위는

절정에 달했다. 지도상으로는 꽤나 적도에 가까워졌지만, 남미에선 한겨울이나 다름없는 5월인 데다 고도도 높다 보니 날씨는 이미 완벽한 겨울이었다. 아스라이 트는 동 사이로 거대한 설산이 눈에 들어온다. 설산만이 간직한 고고함이나 위압감, 하지만 삼천고도의 와라즈 앞에서 설산은 그저 동네 뒷산에 불과했다. 와라즈보다 더한 고도를 지닌 쿠스코와 볼리비아를 오가면서 나는 얼마나 많은 '뒷산'들을 보게 될지.

아킬포 호스텔은 한국인 여행자들의 집결지였다. 이유는 알 수 없다. 다만 입에서 입을 통해 끊임없이 오르락내리락해 유명세의 반열에 올랐을 뿐이다. 시내의 한복판에 있지만 여행자들을 금방이라도 뭉치게 할 만큼 매력적인 호스텔은 아니었다. 숙박비도 페루 안에서만큼은 저렴한 축도 아니었지만, 69호수에 관한 존재만 알고 온 나는 이곳에서 정보를 캐내야 했다.

숙소 지척에는 허름한 식당이 하나 있다. 모든 메뉴의 가격이 5솔(한국 돈으로 약 1700원)인 이른바 5솔 식당. 스페인어로 가득 적힌 메뉴는 닭고기, 소고기와 같이 알고 있던 단어들로 유추한다. 그 외에 잘 알지 못하는 단어는 번역기로 시도해 보지만, 인간미 따위 있을 리 만무한 이는 혼란만 더해 줄 뿐이다. 남은 건 오직 하나다. 촉. 느낌이 오는 메뉴를 가리켜 운에 맡기거나, 낯익은 메뉴를 가리켜 안전한 선택을 하거나. 높거나, 아주 낮은 확률로 선택된 요리는 그 나라가 아니면 맛보지 못할 새로운 맛으로 나를 인도한다.

여행하면서 되도록 피하고픈 세 가지가 있다. 하나는 새벽에 일어나는 것, 또 하나는 산에 오르는 것. 마지막 하나는 새벽에 일어나 산에 오르는 것. 69호수로 가는 버스는 내일 새벽에 출발하기 때문에, 오전 5시 이전에 나가지 않으면 호수는 그림의 떡이나 다름없었다. 한국어로 된 안내문을 받고는 실소를 터뜨린다. 지극히 한국다운, 고등학교에서나 받을 만한 유인물을 나누어 주고는 목록에 맞추어 용품을 준비하라는 이야기를 듣는다. 이를테면 날씨에 따라 겹쳐 입을 반팔이나 긴팔 티셔츠, 트레킹화나 국립공원 입장료. 그 외에는 지극히 기본적인 품목이라 크게 염두에 두지는 않았다.

69호수는 해발 4400m에 달하는 고지대다. 그렇다 보니 고산병은 떼려야 뗄 수 없는 딜레마로 작용할 수밖에 없다. 고산병에 특효가 있는 약이 있어 여행자들 사이에선 이미 정평이 난 브랜드가 여럿 있었지만, 1만 원에 가까운 금액에 결국 젊음을 내걸고 마테차 한 잔으로 버텨 보기로 했다. 여태껏 두 발 딛고 올라선 여행지 중에 4000m가 넘는 곳은 없었다. 이곳 와라즈와 이전에 여행한 네팔의 푼힐도 3000m를 조금 오갔기 때문에 이번 69호수는 보다 실험적인 모험으로 다가왔다. 4000m가 넘는 고지대에서 나는 어떤 반응을 보일 것인가. 오늘의 실험결과가 앞으로 고지대를 대처하는 데 있어 크나큰 초석이 되어 줄 거라 믿는다.

초입부터 들어선 설산은 좌중을 압도하기에 충분하다. 와라즈에서 본 동네 뒷산이 아닌 산맥의 일원이 되어 다가온 안데스는 더 이상 얕보이지 않는다. 트레킹을 하는 레인에서 2위와 3위를 함께 앞 다투던 프랑스인 가족이 저만치 멀어져 가고, 이내 모든 이들이 멀어져 내 앞뒤엔 오롯한 자연만이 남는다. 뒤에서 몇 번째라든가, 앞 사람을 따라잡겠다는 일념은 조용히 접어 두자. 스스로가 만든 경쟁과 싸움에 마음을 쓰기엔 너무나도 아까운 자연경관이다. 자연은 일등을 하는 자에게 칭찬을, 꼴등을 하는 자에게 뭇매를 던지지 않는다. 좁쌀보다 작을 우리는 좁쌀만큼 소중한 존재일 테니.

고산병은 하늘 높이 오르려는 인간을 향한 벌과도 같다. 어떻게 보면 벌보단 아무나 오르지 못하게끔 일종의 핸디캡을 주는 것이다. 천상과 지상의 경계, 그 사이에 휘황찬란한 풍경을 새겨 넣은 건 도전하는 이로 하여금 심장을 멎게 하기 위함은 아닐까. 고도를 거듭할수록 풍경은 아름다움을 더해 가고, 힘 좋고 체력 좋은 서양인들도 껄떡이는 자잘한 숨을 내쉬며 서로를 향해 안위를 묻는다. 상대방에게 전하는 괜찮냐는 물음은 곧 자신을 향한 메시지다. 자신을 향한 물음, 자신을 향한 대답. 하지만 첫 번째 호수와 두 번째 호수를 지나고 나자 비가 내리기 시작한다. 마른하늘에 때아닌 비바람, 다 괜찮다며 자위하던 마음가짐도 다 소용없구나. 69호수에 오르는 이들은 삽시간에 물에 빠진 생쥐가 되어 버린다. 정상에 올랐을 땐 부디 아무 일 없길 바라는 희망. 날씨 변덕이 워낙에 심한 고지대는 충분히 그럴 수 있다고 믿고 싶다. 이전과 같은 마른하늘은 바라지도 않으니 호수의 '호' 자라도 볼 수 있기를.

깔딱고개를 지나 평탄한 지대로 내딛는다. 언제나 그렇지만 평지대는 그 존재만으로도 값진 선물이다. 고된 채찍질 뒤에 내려진 당근. 여행자들의 말로는 평지대 끝에 호수가 있다고 했다. 앞으로 10분, 5분, 3분……. 아스라이 보이는 에메랄드는 그토록 바라던 고지인 걸까, 길은 어느새 암벽에 가로막히고 끝없이 이어지던 발걸음 역시 끝을 맺는다. 사진 속에서 보던 호수는 더 이상 남아 있지 않았지만, 우리가 머릿속에 각인하며 올랐던 호수는 모습 그대로였다.

#53

페루 쿠스코

:

무지개산과 마추픽추에 오른 이유와 변명

새벽 이른 기상과 산 타기를 싫어하는 나는 어김없이 새벽 4시에 눈을 떠야만 했다. 그깟 무지개산이 뭐라고. 진정으로 무지개산이 보고 싶어서 가는 것인가, 아니면 남들이 다 가기에, 남미를 여행한 이들의 무용담에 숟가락을 얹기 위함인 것인가. 그러나 이를 깨기라도 하듯 오월 말 날씨의 공포는 그 두 가지 방황을 무력하게 만들었다. 고산지대에 찾아온 겨울날의 추위 앞에서 이는 사소한 차이일 뿐이다. 추운 새벽에 밖으로 나와 버스를 기다리는 것만큼 무지개산에 대한 방황을 고조시킬 수단은 없으리라.

등산로의 초입은 눈으로 뒤덮여 있었다. 그리고 그 눈밭 위로 라마 무리가 옹기종기 모여 있었다. 이른 아침이라 볼 수 있는 흔한 풍경. 해가 뜨면 눈은 녹기 마련이다. 이전의 호수가 그랬고 쿠스코가 그랬듯 눈 쌓인 풍경은 여태껏 없지 않았던가. 크룩스 신발을 신고 눈밭을 오르는 일은 단 몇 시간 동안의 일일 것이다. 또한 정상에 오르면 날은 추워질 테니 남들 다 바르고 있는 선크림이 구태여 필요하지 않을 테지. 참으로 모순된 일이다. 지금의 나는 눈이 녹길 바라면서도 햇빛이 강하지 않길 바라고 있으니 말이다. 등산에 알맞은 그럴듯한 운동화와 선크림을 준비하지 못한 건 가난한 여행자의 슬픔이 아니라 준비성이 철저하지 못한 이의 아둔함이다. 해발고도 5000m가 넘는 고지를 오름에도 그를 준비하지 않은 건 자신의 젊음을 지나치게 신뢰한 탓이거나, 아니면 아침에 몇 개 주워 먹은 마테 잎을 지나치게 신뢰한 탓일 것이다.

고지는 그리 멀리 있지 않았다. 해 봤자 두세 시간만 오르면 충분히 닿는 곳이었다. 그 이전에 수십 차례의 삐끗함과 자연과의 업어치기를 두 번 감내해야 했지만. 실질적으로 무지개산은 커다란 감동을 전해 주진 않았다. 사진에서 보던 그 모습 그대로였기 때문이다. 하지만 그럼에도 무지개산이 마냥 멋있게만 보인다면 그간의 업어치기가 뇌리에 남아서겠지.

무지개산을 다녀온 여행자들은 하나같이 같은 말을 했다. 막상 올라가면 사진으로 보던 모습이라 그저 그랬는데, 대신 올라가던 길에 보

이던 산줄기가 그렇게도 아름다웠다고. 그 말을 들은 나는 한마디 더 거들 수 있게 되었다. 무지개산을 제외한 주변 모든 것들이 그렇게도 멋있었다고. 얘기를 들은 모든 이가 고개를 끄덕였다.

마추픽추로 가는 길은 그야말로 고행이나 다름없었다. 차를 타고 두 시간을 달린 다음 기차를 타는 방법도 있었지만, 10만 원 가까이 되는 여행길을 감내할 여력이 있을 리가. 나에게 주어진 방법은 산길만 여덟 시간여를 달린 다음 10km 가까이 되는 기찻길을 걷는 거였다. 실제로도 대다수의 여행자들이 선택하는 방법이자 실로 고통스러운 방법. 시선을 압도하던 이전의 안데스는 이미 동네 뒷산이 되어 진부하게 되어 버린 지 오래, 산을 넘고 구름 사이를 내달리던 것 역시 지루하고 따분한 일이었다. 페루에 가면 마추픽추에 가야 한다. 마추픽추는 페루의 랜드마크이자 페루 그 자체다. 생각해 보면 여행이 대중화된 이래로 사람들은 랜드마크에 집착하지 않았나. 파리의 에펠탑이나 인도의 타지마할, 리우의 예수상처럼 랜드마크에 가지 않으면 사람들은 그 여행지에 가지 않은 것으로 규정했다. 인도에 가선 일부러 타지마할에 가지 않을 정도로 이에 대해 냉소하고 무심했던 나는 도대체 어떠한 이유로 마추픽추에 가려 하는가. 사실 타지마할에 가지 않은 건 인도에 한 번 더 가기 위한, 아직 결말을 보지 않은 책과 같은 핑계가 내포되어 있었다. 그렇다면 페루는 내 삶에 다시는 가지 않을 여행지로 스스로가 규정을 해 버렸단 말인가. 기찻길의 끝에 다다라 베이스캠프 아과스칼리엔테스에 도착했을 땐 이미 비가 추적추적하게 내리는 저녁이었다. 아과스칼리엔테스라는, '따뜻한 물'이라는 명칭과는 걸맞지 않은 곳이었다.

마추픽추를 보기 위해선 새벽 이른 시각부터 준비를 해야 했다. 아직 동이 트지 않은 등산로 초입으로 가 산길을 오르는 일. 해 봤자 두세 시간이면 충분히 오를 수 있는 길이었고 버스가 다니는 길도 있는 만큼 그렇게까지 고행길은 아니었다. 까짓것 해발고도 2000m에서 2400m가 무엇이 힘들겠냐는 거다. 이전의 호수나 무지개산에 비하면 여긴 절반 수준밖에 해당하지 않는데. 버스 티켓 14달러가 아까워서라기보단, 단순히 할 만할 것 같아서. 그러나 어쩌면 진작 인정했어야 했을 예상과도 같이, 세 시간쯤 지나자 나는 침을 뚝뚝 흘리는 채로 산 중턱에 서 있었다.

산길을 지나치게 얕본 탓이거나, 아니면 버스비가 지나치게 아까웠던 탓이거나. 사실 후자였다. 왕복 30분이면 충분히 닿는 곳을 14달러까지 내 가면서 버스를 탄다라. 고지로 가는 길을 독점해 폭리를 취하는 버스회사에 대한 반발과 가난한 여행자인 만큼 마추픽추로 가는 최대한 값싼 루트를 찾아야 한다는 강박이 내포된 결과물이었다. 구태여 14달러를 내지 않아도 충분히 닿을 수 있다는 걸 내 스스로에게 증명하고 싶었다. 그렇지 않으면 마추픽추에 도착해도 어딘가 찜찜한 구석이 남아 있을 것만 같았다.

오전 9시가 넘어서야 다다른 마추픽추는 무지개산과 마찬가지로 사진과 별반 다를 건 없어 보였다. 그러나 그런 별거 없는 마추픽추가 사진만 200장 넘게 남길 정도로 멋있게만 보였다면, 이전의 무지개산과 마찬가지로 그간의 고생길이 눈앞에 선해서였으리라.

#54

170606

사람에 따라서 혹은 금전적인 여유에 따라서 마추픽추는 쉬운 여행지가 될 수도 있고, 어려운 여행지가 될 수도 있다. 누군가에겐 기차와 버스로 충분히 닿을 곳이 누군가에겐 오랜 이동과 오랜 트레킹으로 겨우 닿을 곳일 테니까.

나의 경우엔 당연히 후자를 선택했다. 마추픽추까지 갈 수 있는 제일 싸고, 일반적인 방법. 일곱 시간의 승합차 이동과 두 시간 반 동안의 기찻길 트레킹, 그리고 세 시간여의 등산까지. 여타 여행지에 비하면 그리 어려운 길은 아니었다. 남미를 비롯한 여느 곳에서도 충분히 맞닥뜨릴 수 있는 난이도다. 하지만 어느 때보다 힘들어 해치웠다는 느낌이 드는 건 도대체 무슨 이유일까.

박탈감이다. 진보적인 교육제도 속에 자라 꿈과 진로를 찾는 기간조차 교육과정에 포함된 서양 애들이 부러웠고, 20대의 모든 기간을 본인을 위해 투자할 수 있는 그네들에 비해 나는 한없이 처량해 보였다. 그러니까 나 같은 것들은 여행에서조차도 어려운 길을 택하는 거지. 어디 하나 숨통이 트여 여유가 넘치는 부류는 그렇지 않은 이를 동정한다. 나는 내 삶에 만족하며 살아왔는데, 그들의 눈에 비쳐 순식간에 불쌍한 이로 전락하는 것이다.

괜찮다고 말하면 오히려 다독여 주기 바쁘다. 나는 내 앞날과 해결방안에 대해 잘 알고 있으니 위선자 행세 좀 그만했으면. 상대방을 아래로 내린다고 본인 체면이 빳빳하게 서긴 할까. 사실 마추픽추를 목전에 두고 날 선 소리만 하는 게 맞나 싶긴 하지만, 여하튼 그렇더라. 걱정은 내가 원할 때나 해 주길.

#55

볼리비아 라파스

:

달의 계곡

사람은 있는 그대로만 보고 전체로 믿는 경향이 있다. 나 또한 마찬가지로 일부분을 보고는 오히려 전체 그 이상이길 바란다. 이상과 현실 사이의 괴리감을 마주하고 싶지 않아서, 이상에 대한 좋은 기억만 갖고 영원하길 바라서. 좀 더 나은 것만을 보기 위해 한쪽 눈을 가리길 원한다.

라파스에서 한 시간을 달려 달의 계곡에 간 건 조금 다른 이유에서였다. 괴리감과 영원성을 초월한 이상의 가치를 얻기 위해서. 어쩌면 사람 많을 거 뻔히 아는 4월의 여의도에 가는 것과 비슷한 논리일지도 모른다. 대자연의 일부도 아닌, 작은 마을 옆의 공원 수준이라는 건 이미 지도를 통해서도 뻔히 알 수 있는 사실이었지만. 끝을 보고 싶었다. 결말이 드러난 드라마의 마지막 회를 보는 듯한 기분이었지만, 제대로 된 끝이라도 맺고 싶었다.

드라마의 결말은 언제나 한결같다. 해피엔딩이든, 새드엔딩이든 허탈감만을 남기기 때문이다. 삶이 그렇고 모든 것이 그렇다. 끝을 알고 싶지는 않지만, 끝을 알아가는 과정에서 느꼈던 행복은 뒤안길로 사라지고 공허함과 정적만이 남는다.

달의 계곡에서 얻은 소소한 허탈함이 여행이 완전히 끝난 뒤 한국에선 공허함으로 자라날 것이다. 그리고 그 공허함이 오랜 시간이 지나면 정적이 되어 말없이 고개만 끄덕이고 있을 것이다. 추억으로 먹고 살고 있을지, 아니면 새로운 목표를 찾아 또 열심히 살고 있을지. 알 수 없는 일이다.

#56

볼리비아 라파스

⋮

볼리비아 사람, 욱환 씨

욱환 씨를 만난 건 라파스 한가운데에 있던 성당에서였다. 처음 나를
보곤 "한국 사람이에요?"라는 정확한 한국말로 말을 건 영락없는 볼
리비아 사람. 그렇다. 욱환 씨는 볼리비아 사람이었다. 낮에는 성당
에서 문화관광해설사와 가이드를 하고, 밤에는 대학을 다닌다는, 평
범한 라파스의 젊은이였다. 하지만 그가 영어와 스페인어를 비롯한

서양 언어, 중국어와 일본어, 그리고 원주민 언어인 케추아어를 포함해 8개 국어를 구사한다는 사실은 나를 놀라게 하면서도 외려 의심하게 만들었다. 볼리비아를 여행했던 한국인 여행자 중에서도 그를 거쳐 간 이가 많다는 것. 성당에 앉아 이런저런 이야기를 나누면서도, 그날 저녁에 만나 같이 밥을 먹고 남미 최고의 야경으로 뽑힌다는 킬리킬리 전망대 난간에 팔을 걸치곤 신시가지는 서울과 비슷하다, 이런 야경은 처음 본다와 같은 말을 하며 카메라를 넘겨주면서도 나는 마음 한구석으로는 의심의 끈을 놓지 않고 있었다. 영어조차 통하지 않는 불모지에서 한국어를 완벽하게 구사하는 이를 만났다는 게 실로 이상하지 않은가. 욱환 씨의 선한 인상은 남에게 해코지를 할 이로는 보이지 않았다. 벤치에 앉고는 뜬금없이 새우깡을 건네는 모습은 선함 그 자체였다. 하지만 그런 그를 보고도 나는 마음을 열어도 되는 걸까, 하는 고민을 놓을 수 없었다.

하루는 욱환 씨가 다니는 대학교에 가기로 했다. 어떤 대학교라고 얘기해 주었지만, 막상 그 대학교의 이름이 생각나지 않는 건 한국처럼 몇 마디 글자로 대학교의 명칭을 표현하지 않는다든가, 아니면 학과별로 동이 여러 곳에 위치해 혼동이 있었다든가 하는 이유가 있겠다. 라파스대학교, 라대와 같이 임팩트가 강한 이름은 아니었다.

욱환 씨를 따라 여러 건물과 통로를 지나 어느 한 교실에 닿았는데, 그곳에는 20대에서 40대를 아우르는 학생들이 앉아 있었다. 앞서 욱환 씨가 귀띔한 대로 한국어 교실이었고 더벅머리에 후줄근한 겨울 옷차림을 한 나는 오늘 하루를 책임질 임시 원어민 교사가 되었다. 욱환 씨와 다른 학생들의 얘기로는 내가 이 교실을 찾은 다섯에서 여섯 번째쯤 되는 한국인이라고 했다. 개중에 대부분은 여행사였겠지.

간단하게 자기소개를 했다. 이름과 나이, 사는 곳, 현재 하고 있는 일, 여행한 나라와 같은 기본적인 것들이 주를 이루었다. 자기소개는 모두 한국어로 이루어졌고 간단한 번역, 한국인이 자주 쓰거나 어려운 표현이 나올 때면 수업을 진행하는 한국인 교사가 꼼꼼하게 체크해 주었다. 학생들 중에는 욱환 씨만큼이나 한국어를 완벽하게 구사하는 이가 있는가 하면, '안녕하세요'나 '감사합니다'와 같은 기본적인 표현만 할 줄 아는 이도, 지구 반 바퀴를 뛰어넘어 한국인 남자친구와 장거리 연애를 하는 학생도 있었다. 지구 반대편의 작은 나라의 문화와 언어를 배우려는 이들이 많음에 나는 새삼 놀라움을 감추지 못했다.

금요일이 되면 K-POP 문화축제를 한다고 했다. 시내의 작은 시장을 지나 공원으로 내려가는 길목이었는데 한국 아이돌이 그려진 포스터와 팬덤에 나누어 앉은 사람들, 그리고 한국 음악에 맞춰 춤 연습을 하는 이들이 줄을 이었다. 아무리 K-POP이 전 세계적으로 열풍이라 말한들 소수의 이야기일 거라 생각했다. 해 봤자 몇몇 사람들의 이야기겠지. 하지만 그 넓은 공간을 가득 메운 이들은 무엇이며 오고 싶어도 오지 못하는 이들도 수두룩하다는 걸 보면 비단 라파스만의 이야기는 아닐 것이다. 예상대로 방탄소년단의 팬 규모가 제일 컸고, 엑소나 슈퍼주니어가 그 뒤를 이었다. 한국의 20대 연령층이면 으레 알 만한 최신곡들이 지구 반대편인 볼리비아에서 울려 퍼지고 있다. 하지만 1980년대에서 2000년대를 아우르는, 비교적 오래된 노래만 들어 온 나는 여전히 낯선 모습에 어리둥절하고 있었다.
욱환 씨는 이곳에 간 한국인 남자는 모두 연예인 대접을 받는다고 했

다. 하지만 연예인은 연예인일 뿐이다. 브라운관에 등장하는 이들과 나는 같은 언어를 사용한다는 공통점밖에 없으며 외모의 편차에서도 기하급수적인 수준을 이룬다. 시베리아 횡단열차에서 만난 A가 〈태양의 후예〉의 '송종지'를 외칠 때도 나는 무심하지 않았던가(주변 이들이 하나둘씩 '호국요람'의 품으로 모습을 감춤에 따라 의도적으로 밀리터리물을 기피하던 시기였다).이곳에 와서도 애써 무심하려 했던 나였지만, 그런 나의 고집을 완벽하게 꺾어 버린 건 '한국인 남자'에 대한 인기였다. 나를 두고 줄을 지어서 사진 촬영이 쇄도하는데 어떻게 무심할 수가 있겠나. 결국 두 손 두 발 들고 잠시나마 인기를 누리기로 했다. 어차 피 다른 장소에서 나는 찬밥에서 조금 덜 식은 정도나 투명보다는 조금 탁한 인간이 되어 거리를 활보할 테니. 문화적인 측면에서 고국의 평판을 격상시킨 이들에게 감사함을 표하기로 했다. 정치적인 면이나 사회적인 면에서 또 다른 의미의 정점을 찍은 한국이었지만 그래도 어디 하나 내세울 건 있구나.

'한국인 남자'의 인기는 사진 촬영에서 끝나지 않았다. 이번에는 방송사에서 촬영을 나온 것. 욱환 씨의 말로는 연예·문화와 관련된 프로그램이라고 했다. 볼리비아에서 K-POP의 인기는 어느 정도인가를 주제로 취재를 나온 것 같아 보였는데, 마침 한국인인 내가 있으니 방송에 나와 한마디 해 달라는 거였다.

PD는 스페인어로 된 말 한마디만 하면 된다고 일러 주었고 나는 그대로 읽었다. 나중에 와서 보니 한국에 할리우드 스타가 와서는 '싸라해여 연예가중계'나 '김치, 불고기 맛있어요'를 읊고 가는 것과 다를 바가 없겠다는 생각. 두세 달이 지나 실제 방송으로 확인해 보니 화면에 비친 내 모습은 정말이지 가관이었다. 남자 아이돌의 뮤직비디오가 나오고 바로 안 되어 내가 나오는데 오징어에 대한 방송사의 배려는 요만큼도 없었단 말인가. 머리를 턱 끝까지 기른 모습으로 서투른 스페인어를 내뱉는데 정말이지 이건 뭘까 싶었다. 웃음거리라도 되지 않은 게 참 다행일 뿐.

문화축제에서 나온 후 곧바로 우유니행 버스에 올랐다. 잠시나마 현실을 잊고 있던 나의 처지는 투명보다는 조금 탁한 인간이었음을. 다시금 고개를 끄덕인다. 원래 나는 이런 사람이었지. 어디 하나 눈에 띄지 않고 묵묵히 자리를 지키는 게 나의 자리였음을. 몇 시간 전의 나의 모습은 그저 환상이었음을 다시 한번 각인시킨다.

#57

볼리비아 우유니

:

우유니 없는 우유니

여름과 겨울이 뒤바뀐 삶은 꽤나 짜릿하다. 지구 반대편에서는 장마
와 태풍을 앞두고 있다.

우유니 시내는 흡사 몽골이나 러시아의 낡은 도시를 닮아 있다. 황량
한 데다 기차역까지 있으니 영락없는 작년 10월의 모습이다.

'내일 뭐해요?'라는 쉬운 영어 문장이 기억나지 않아 얼버무렸다. 매
일같이 쓰는 흔한 영어가 그렇게도 떨린 건 이번이 처음이다. 우유니
사막 투어를 함께하게 된, 이전에 마추픽추로 가는 기찻길에서 몇 번

눈이 마주친 일본인 여자였다.

잠시나마 시선에 이끌리다 말겠지. 일시적인 호감으로 치부해 애써 무덤덤하기로 했다. 투어를 갔을 땐 소금사막보다는 그녀의 사소한 행동거지를 보았고 다 같이 저녁을 먹을 땐 내 앞에 앉기를 바랐다. 그게 다였다. 그녀는 다른 나라로 떠났고 나는 칠레로 향했다. 감정에 못 이겨 '달이 참 예쁘네요'와 같은 말을 하지 않게 되어 다행이라고 생각했다.

#58

파라과이 아순시온

⋮

파라과이에 간 단 하나의 이유

1. 식당 안은 완벽한 한국이었다. 한국 느낌 내겠다고 괜히 장승이나 대나무 모형 갖다 놓은 게 아니라, 시골의 여느 식당처럼 족히 40년은 넘게 그 자리를 지켜 왔을 인상이었다. 내음 또한 외가가 있던 강원도 횡성에서 맡던 그 내음. 5분 정도 지나자 주인장으로 보이는 노인이 모습을 드러낸다.

2. 메뉴를 선뜻 고르지 못하자 노인이 호통을 치기 시작한다. 어차피 본인 입으로 들어갈 건데 빨리 고르라고. 욕쟁이 할아버지의 재림인 걸까, 여행자가 드문 한국의 시골에서 받았던 그런 느낌이었다. 한국. 사소한 그 느낌마저 한국이었다. 나는 냉면과 제육볶음, 그 언저리에서 연신 고민하다 얼른 김치찌개를 주문하고는 자리에 앉았다.

3. 이윽고 모습을 드러낸 김치찌개. 얼마 만의 김치찌개인지 모른다. 과테말라에서도 먹은 적이 있었다만, 어깨너머로 배워 흉내 낸 듯

한 음식에선 토속적인 풍미가 느껴지지 않았다. 두 달 전의 내가 무덤덤했던 것은 그저 '맛'만 있어서였을지 모른다. 꾸며진 레스토랑에서 먹는 김치찌개는 우리네에겐 쉽게 와닿지 않기 때문이다.

4. 노인은 반쯤 남은 내 밥그릇을 보더니 "더 줄까?" 하며 물어 왔다. 많이 달라고 하자 고봉밥을 퍼서 담아 온 노인. 얼마 만에 받아 본 고봉밥이며 리필인지. 모든 게 감동스러웠다. 거울 속에 비친 내 모습엔 웃음이 떠나가질 않았다. 국물이 바닥을 드러낼 때마다, 세로로 길게 찢어진 묵은지가 줄어들 때마다 아쉬움은 커져만 갔다.

5. 문자 메시지에 익숙한 우리네는 사소한 일에 전화를 걸지 않는다. 이는 부모님은 물론이고 스마트폰을 갖고 계신 조부모님도 마찬가지다. 내가 어렸을 때였던 2000년대 초반만 해도 전화는 격식 있는 수단이 아니었는데, 언제부터 그렇게 전화하기 어려운 세상이 된 건지. 한국말로 이어진 노인의 짧은 전화 통화에 많은 생각이 오갔다.

6. "여기 김치찌개 우노(하나)", "음 삼만 오천 원". 한국만의 토속적임과 현지 생활양식이 어우러진 풍경은 꽤 인상적이다. 뉴욕에서 양꼬치를 먹을 때도 1.5달러를 중국식으로 이콰이우(一块五, 1.5위안)라고 말하지 않았던가. 파라과이의 화폐단위인 과라니를 원으로 대신한 게 왜 이렇게도 정감 넘치는지 모르겠다. 지극히 당연한 건지, 아니면 한국으로 돌아갈 때가 온 건지. 마음먹고 들어온 파라과이인 만큼 제대로 쉬다 갈 필요가 있다.

59

브라질 리우

⋮

가끔은 예기치 못한 상황이 나를 맞이한다

오전 10시가 되자 거짓말처럼 안개가 개었다. 예수가 기적을 행하
였다.

#60

모로코 카사블랑카

:

새로운 문화권은 나를 어리둥절하게 만들었다

항공사에서 내어 준 호텔은 가히 환상적이었다. 브라질 리우에서 런던으로 가는 비행기의 경유지가 바로 카사블랑카였는데, 명망 높은 국영항공사답게 제공하는 호텔 또한 최고급이었다. 아홉 시간에 가까운 오랜 비행과 공항에서의 대기에서 비롯된 피곤함은 안락한 침대와 코스 요리로 된 저녁식사 앞에서 완전히 녹아내린다. 한여름 밤의 꿈, 내일 아침이 밝으면 다시 낮은 자세로 길 위에 서야 하지만, 오늘만큼은 둘도 없는 호사에 감정을 쏟아부어 보자. 구름 위에 올라탄 기분은 곧 무릉도원이며, 나와 매트리스 사이의 모호함은 호접몽이라 칭한다.

할리우드영화 제목으로 꽤나 이름이 알려진 도시, 하지만 정작 어느 나라인지는 태반이 모르는 도시. 유럽이나 중동 어디겠다는 추측만 오갈 뿐, 모로코라고 말할 사람은 극히 드물다시피 하다. 그도 그렇게 1940년대에 개봉된 영화다 보니, 배경이 된 릭스 카페도 영화와 함께한 세대의 서양인들만 찾을 뿐, 별다른 이야기는 없다고 들었다. 거기다가 현재의 릭스 카페는 영화와 똑같이 재현한 곳이며 실제 촬영지는 미국이라고 했다.

말 그대로 나에게 카사블랑카는 바다를 낀 도시에 불과했다. 어차피 반나절만 머물 도시에 정을 줄 필요는 없다. 모로코치고 얼마나 많은 신식 건물들이 들어섰는지, 유럽에 견줘도 충분한 모노레일이 다녀도 그저 신기하다에 지나지 않는다. 어제 버스 타고 오는 길에서 본 씨티은행에서 현금을 뽑고 충전기를 사자. 그러나 씨티은행엔 현금인출기가 없었고 전자제품 매장엔 마땅한 충전기를 팔지 않는다. 내가 원한 건 5천 원 미만의 싸구려였는데, 매장에는 하루 생활비에 맞먹는 값비싼 물건들이 즐비했다. 마음을 단단히 먹자. 돈 앞에서 소침해지는 건 지극히 당연한 일이지만, 그렇다고 첫날의 인상마저 주눅 들 필요는 없다.

모노레일을 타고 다시 시내 한복판. 골목 깊숙이에 숨어 있을 로컬 음식점에서는 무엇을 파는지, 그마저도 아랍어나 프랑스어를 전혀 하지 못하니 엄두조차 나지 않는다. 중간중간에 보이는 'Snack'이라는 표식은 식당을 말하는 걸까? 뒷골목에서 간단하게 한 끼 할 수 있는 메뉴는 케밥이나 햄버거 같은 패스트푸드가 전부였다. 모로코에서 제일 흔하고 무난하며 이방인인 나에게도 낯설지 않은 메뉴. 양고

기와 닭고기가 들어간 케밥과 감자튀김을 들고는 맛있다며 우적우적 먹고 있으니, 처음 보는 동양인을 향한 시선은 배가될 수밖에 없다.

모로코엔 주요 도시마다 메디나(이슬람도시에서 신시가지와 대비되는 구시가지)가 존재한다. 앞으로 가게 될 마라케시가 그렇고, 페스가 그렇다. 성벽에 둘러싸인 구시가지와의 만남. 모노레일과 현대적인 건물로 어우러진 카사블랑카인 만큼, 메디나는 약간의 차이를 보일 뿐 밖과 다를 게 없음이 분명하다. 확연한 안과 밖의 차이는 마라케시나 페스 같은 관광지나 그럴 것이다. 저기, 저 멀리서 누군가 니하오를 외친다. 한국인과 중국인을 구분할 리 만무할 현지인이 세상 해맑은 표정으로 엄지를 척 하고 드는 건 순수한 의도에서 비롯된 반가움의 표시이리라. 웰컴 투 모로코, 우리나라에 온 걸 환영해. 그럼 어디 한번 들어가 볼까? 섣부른 기대는 실망감을 안겨 줄 뿐이다.

그러나 메디나는 완벽한 과거 그 자체였다. 메디나 전체를 휘감은 도떼기시장은 서울 성곽의 안과 밖처럼 단순히 구시대의 경계였음을 증명하는 게 아니라, 사람이나 분위기마저도 과거에서 온 느낌을 더해 준다. 그리고 보면 신시가지엔 히잡이나 부르카를 쓰지 않은 여성이 꽤 많았다. 메디나에 그렇지 않은 여성이 많은 건 같은 이유인 걸까? 분위기마저도 구시대적인 구시가지인 만큼 이슬람 보수층의 비율이 더 많을 거라는 추측을 해 본다.

한 소녀와 눈이 마주친다. 보기 드문 동양인의 방문이 반가웠는지 인사를 건네고, 소녀의 옆에 있던 작은 동생도 따라 인사를 건넨다. 혼잡스러운 시장통을 피해 한숨 돌리러 온 내가 마주한, 미소 지어지는 풍경이었다. 골목길을 벗어나 시장 복판으로 들어서기 전까지만 말이다. 사람들 틈새에서 다시 소녀를 본 건 우연이라고 생각했다. 시장 전체가 놀이터이자 삶의 공간일 아이들이 정처 없이 발걸음을 옮기는 건 지극히 당연하다. 나 또한 마찬가지로 길을 모르니 직감에 이끌리곤 하는데, 주로 모로코 특유의 분위기나 사람들이 운집하는

동네의 중심가를 쫓곤 한다. 나는 그저 발길이 맞았다고만 생각했다. 그런 소녀를 다시 만난 건 시장에서 꽤나 멀어진 골목이었다. 불현듯 글감이 생각나 자리를 잡고 있던 나를 붙잡고는 무어라 이야기를 건넨다. 이곳 모로코 사람들이 쓰는 아랍어나 프랑스어, 베르베르어 인사말조차 가물가물한 나는 소녀가 어떤 이야기를 건네는지, 심지어 어떤 언어를 쓰는지도 알지 못한다. 사진을 찍어 달라는 걸까? 혹여나 사진을 찍어 주면 일정의 돈을 요구하진 않을까. 아니면 그저 톱스타를 본 열성 팬처럼 순수한 의도로 다가와 반가움을 표하는 것일 수도 있지만, 이미 세상의 숱한 패턴에 찌들어 버린 나는 그 어느 것도 곱게 바라보지 못한다. 번역기를 쥐여 주면 행여 도망이나 가진 않을까, 어떠한 말도 건네지 못한 나는 안절부절못하고 소녀를 떠나보낼 뿐이다.

이곳에 온 나는 마치 PK(인도영화 제목이자 영화 속에서 지구로 떨어진 외계인 주인공의 이름)가 된 듯 모든 것이 어리둥절하다. 우주선을 타고 내려와 모든 것을 그만의 새로운 시각으로 보았던 지구가 그랬듯 간판에 적힌 아랍어는 무엇이며 특정 시간마다 울려 퍼지는 굉음은 도대체 무엇인가. 타고 온 비행기에서 보았던 영화가 나로 하여금 재현되어 현재의 나를 만들고 있다. 인터넷 매체를 통해 익히 학습된 우유니사막에 비해 카사블랑카의 메디나는, 어떠한 매체로든 쉽게 접해 보지 못한 탓에 보다 신기하게 느껴진다. 이슬람문화권을 여행함은 이번이 처음이기 때문에, 평범하기 짝이 없을 풍경들도 커다란 감동으로 다가오는 것이다. 처음 인도에 갔을 때도 그랬다. 처음 콜카타의 밤거리를 걸었을 때, 처음 인도 음식을 먹었을 때. 길거리에 적힌 힌디어와 거리를 지나는 인도인. 로컬 식당에서 나온 커리와 난이 그렇게도

신기했더랬다. 어쩌면 그때의 기억이 지금의 모로코로 넘어와 다시
금 이어져 오는 거라고, 생각을 해 본다.

#61

사실은 나도 이해가 안 되지만 말이야

사실은 나도 이해가 안 되지만 말이야.

언제부턴가 여행이 더 이상 설레지 않다는 생각이 들었어. 적당한 기대감과 적당한 성취감으로 어우러져야 할 여행에 의무감만이 남아 하루하루를 이어 나가고 있다면, 여행을 정리하고 돌아가는 게 맞다고 생각해.

여행에 있어서 제1의 가치는 행복이야. 여기서 행복할 것의 준말이 여행인 만큼, 내가 행복하고 내가 충분히 설렐 수 있는 곳을 찾아가는 게 여행이라고 생각해. 마무리를 짓는 일도 비슷한 맥락인 거 같아. 다음을 도약하며 또다시 설렐 수 있으니까.

수능이 끝나고 인도에 다녀온 이후로, 머릿속에 오로지 여행만 생각하며 살아온 지난 시간 동안 제대로 된 일상을 보낸 적이 채 얼마 되지 않아. 말 그대로 여행을 하며 불규칙한 일상을 보내거나, 여행경비를 모으기 위해 현장 일을 하던 게 전부였으니까. 그래서 당분간만큼은 가볍게 지내보려고 해. 읽고 싶은 책을 읽는다든가, 시간이 없어서 하지 못했던 공부를 한다든가. 아니면 만나 보고 싶었던 사람들을 다시 만나 볼까 해.
한국에 돌아가면 여느 여행자와 같이 총정리 글을 쓰고, 먹지 못했던 한식을 먹으면서 일상에 대한 적응을 끝내겠지. 내년에 본격적으로 수능공부를 하기에 앞서 6개월 정도 기간을 갖고 원고를 쓰면서 출판사와 연락을 해 볼까 해. 오랜 꿈이었으니까.

평소에는 귀국할 때 소리 소문 없이 들어오곤 했는데, 이번에는 동네방네 소문내면서 들어올 것 같네. 11개월이면 오래 여행한 거지. 길면 길겠고 짧으면 짧겠지만 말이야.

2주 뒤면 서울에서 아침을 맞겠구나. 나는 내 선택이 옳은 선택이길 바랄 뿐이야.

62

다시 유럽, 돌아가기 전 열흘간의 기록

D-10

유럽에 와서 처음으로 한인민박에 가기로 했다. 이전의 여행지에서
도 여러 차례 한인민박에 간 적이 있었지만, 유럽의 것만큼 한국적인
곳은 없으리라. 특히 아침과 저녁을 모두 한국 가정식으로 준다는 말
은 이미 공공연한 사실로 받아들여지면서도 나를 혹하게 만들었다.
11개월 가까이 되는 여행의 끝. 집으로 돌아가기에 앞서 잠시나마 잊
고 있던 한국만의 공기나 분위기에 적응해야 했다. 파리에서도 지하
철 종점 언저리의 민박에 도착한 건 밤 11시가 훨씬 지나서였다. 오

후 비행기를 타고 모로코에서 파리에 가기까지. 앞서 파리의 제3, 제4쯤 되는, 이름만 파리일 뿐 동두천이나 연천에서 서울의 끝 구로에 달하는 장거리 이동이었다. 달은 오후 10시 반이 되어서야 모습을 드러내 하루의 끝을 더디게 만들었다.

한국만의 공동체주의는 나를 안도하게 하면서도 낯설게 만들었다. 제주도가 이런 모습이었다. 커다란 테이블에 옹기종기 둘러앉아 술 한잔 걸치며 이런저런 이야기를 나누는. 한동안 서양의 개인주의적인 호스텔만 전전하다 삽시간에 동양의 것으로 돌아오니 감회가 새로웠다. 그러나 한국의 여타 20대들의 대화에 공감하지 못하는, 그렇다고 서양인들의 대화에 완전히 끼어들지도 못하는 나는 어딜 가나 철저한 이방인이었다. 대학에 관한 이야기나 짧은 시간 안에 많은 관광지를 가야 하는 이야기는 크게 와닿지 않았다. 이는 그간의 삶과 자취가 모든 걸 말해 주고 있겠지.

나는 다른 사람이었다. 갓 유럽에 도착해 어디어디를 가야겠다 하는 의지가 앞서는 이들과 달리 나는 파도에 쓸려 온 미역 줄기처럼 추욱 늘어져 있었다.

'대학 안 가고 300일 넘게 여행한 사람'

짧은 한 문장이 나를 지칭한다. 열정마저 잃어 모든 걸 잃어버린 나는 권태와 말다툼을 하다가도 어차피 곧 한국 돌아가니까 하는 생각에 전역을 기다리는 말년 병장처럼 몸이 붕 떠올랐다. 어쩌면 다음 날 점심이 되어 가도록 숙소 밖으로 나가지 않은 건 그런 이유가 아니었을까. 이전부터 알고 지낸 지인과의 약속이 오후에 있으니 두어 시간 전에 나가면 되겠다 싶었다. 여타 숙소에서도 그랬듯 방을 뺀 다음 거실로 나와 있었다. 그러자 옆에 있던 스태프의 한마디가 나의 뒤통수를 가격했다.

"왜 안 나가요?"

그러게요. 왜 안 나갔을까. 주변을 둘러보니 다른 이들은 다 나가고 나 혼자만이 남아 있었다. 파리까지 와서는 시간이 아까워 바삐 움직이지는 못할망정 시간을 죽이고 있던 나는 이상한 사람이었던 거다. 파리에 얼마나 갈 곳이 많은데. 등쌀에 밀려 약속장소로 나와 주변을 배회했다. 아, 여기 겨울에도 왔었는데 여름엔 이런 모습이구나.

시간까지는 두 시간 정도 남아 있었다. 나는 그 주변에서 더 먼 주변까지 방황하기로 했다.

D-8

버스를 놓쳤다. 독일의 뉘른베르크로 가는 버스였는데 터미널에 도착한 시간과 버스가 출발하는 시간이 정확하게 일치해 버렸다. 아니, 사실 근처 지하철역에 내리고도 터미널을 찾는 데까지 40분 정도가 걸렸다. 그러니까 같은 공간을 두고도 버스는 출발해 종적을 감췄고 나는 그 사이를 헤매었다. 터미널에 당도했을 땐 이미 회백색 콘크리트 벽과 반지하구조의 습한 기운이 옥죄어 왔고 나는 그 길로 도망칠 수밖에 없었다. 터미널의 옥상에서 지상으로 향하는 길과 그 길로 이어진 공원을 하염없이 걸었다. 배낭 하나 덜렁 멘 내가 숨을 자리를 찾기 위해서. 허나 나를 뉘일 만한 따뜻한 거처가 없어 다시 기차역으로 돌아왔다. 처음 이 구역에 닿았을 때 맨 먼저 보았던, 그리고 어디에서나 보일 정도로 큰 기차역에. 실의에 빠져 회로가 작동하지 않는 거구를 앉히곤 그대로 석고상이 되었다. 시계는 이제 D-7을 가리키고 있다. 독일로 가는 차는 오지 않는다. 오늘 밤은 이곳에서 보내야 한다.

기차역에 불이 꺼졌다. 불이 꺼진다는 건 배낭을 들쳐 메고 밖으로 나가야 함을 의미한다. 문 바로 앞에 콘크리트 타일로 된 공간이 있으니 앉을 만은 하겠구나. 나 외에도 새벽을 새우는 이들이 있어 조금이나마 위안이 되었다. 나처럼 바보같이 버스를 놓친 걸까, 아니면 새벽 이른 차를 타기 위해 온 이들인 걸까. 나는 후자로 정의 내렸다. 그래야 내 처지가 더 비참해질 테니. 한국으로 가기까지 딱 일주일을 남겨 둔, 300일 가까이 지구 한 바퀴를 순회한 꽤나 그럴듯한, 어디 가서 콧대 세우고 있었을 여행자의 말로. 얼마나 우매하면서도 속이 시원한가. 자신을 지나치게 믿은 여행자는 자기 자신으로부터 보기 좋게 조롱받고 있다.

몸을 뉘이니 세 시간 가까이 지나 있었다. 다음 버스를 알아보기엔 스스로가 괴로워할까 봐 일부러 해가 뜨기만을 기다렸다. 두려웠던 거다. 어제의 나의 과오를 인정하고 책임의 무게를 진다는 일이. 기존에 제시한 틀을 뒤엎는 일은 여간 두려운 일이 아니었다. 하루 이틀간의 계획을 땅속에 파묻어야 한다는 게. 허나 이는 과도한 욕심이었으므로 순리대로 돌아감이라. 아침 11시에 출발해 오후께 독일의 쾰른을 지나 다음 날 아침에 프라하에 닿는다.

벨기에 휴게소의 바게트빵.
독일 쾰른의 케밥.
체코 프라하의 선선하다 못해 쌀쌀한 아침 기운.
긴 여행의 끝. 우연히 그녀를 만났던 작년 가을.
여행의 중간으로 돌아가 마지막 장을 쓰겠구나.

D-4

혜나는 열 달 가까이 한국을 떠나 있던 여행자였다. 나와 비슷한 세계 여행을 하는 사람. 인천을 마지막으로 꼭 1년 만이었다. 마침 같은 유럽에 있어서 한 번쯤은 보겠지 하다가 나는 프라하에, 혜나는 폴란드의 포즈난에 있다는 사실을 알고는 그 중간쯤 되는 폴란드의 브로츠와프에서 만나기로 했다. 각지에서 4시간가량 걸리는 거리, 도착하고 30분 정도 지나자 커다란 가방 하나 덜렁 멘 여행자가 모습을 드러냈다.

오래된 여행자와의 여행은 모든 게 일사천리였다. 동네에서 가장 저렴한 숙소를 찾고 우버를 부른 다음 지도를 몇 번 보고 나니 생소하기만 한 도시가 한눈에 들어오기 시작한다. 광장으로 이어지는 거리, 작은 골목, 혜나가 괜찮다고 한 레스토랑. 오래된 여행자는 많은 이야깃거리를 보유하고 있다. 나 또한 마찬가지로 이런저런 이야기를 주고받다 보니 어느새 저녁이 되어 있더라. 이제 곧 무게를 덜어 낼 여행자와 무게를 아직 짊어진 채 홀로 선 여행자. 이들은 서로의 여행이 끝나지 않음을 알고 있다. 언젠가 다시 만나는 날이 오겠지. 서로의 여행지를 표류하다 어느 순간 장소가 겹쳐 재회하겠지. 한국에 돌아가도 여행의 끝이 아닌 새로운 시작이라는 걸. 혜나와 나는 알고 있다.

다음 날 아침이 되자 혜나는 이미 떠나 있었다. 과연 혜나다운 선택이었다. 새벽 이른 차를 타고 포즈난으로 갔다는 연락에 당황하면서도 혜나다운 방식이라고 생각했다. 새벽차를 탄다고 했던 게 어제저녁이었는데, 진짜로 갈 줄이야. 즉흥적이며 때론 대책 없어 보였으나 이마저도 혜나의 색깔이자 방식이었다. 오랜 시간 그의 여행을 지켜본 결과, 소매치기를 당해 전 재산에 가까운 모든 걸 잃고도 홀로 유럽에 떨어져 자신만의 여행을 유지하면서, 여러 가지 크고 작은 사건 사고를 겪어 내는 모습에 상대적으로 극한주의적이면서도 대단하다고 느낀 적이 있다. 하지만 그렇다고 하여 내가 무재색은 아님을. 돌이켜 보니 물건을 도둑맞은 적도 없는 데다 새로운 나라에 가도 크게 낯설어하지 않았다. 사건사고라, 버스를 놓치거나 노숙을 하고 숙소도, 마땅히 지도조차 없는 곳을 떠돌아도 크게 좌절할 일은 없지 않았던가. 다른 시각에서 보면 내 여행이 재미없어 보일 수도 있다.

그런데 그런 재미없는 여행이, 한국으로 돌아가기 사흘 정도 앞두자 재미있어지려 한다.

D-3

그러니까, 인종차별의 유형엔 세 가지가 있어. 하나는 단순한 무지에서 비롯된 거고, 다른 하나는 자국 및 자민족 우월주의에서 비롯된 거, 나머지 하나는 패배감에서 비롯된 거야. 첫 번째와 두 번째 사례는 이미 대한민국 사회에도 만연하게 박혀 있지. 이를테면 흑인을 두

고 '흑형'과 같은 '흑-'으로 시작하는 접두어를 사용한 표현이라든가, 상대적으로 경제 규모가 작은 국가에서 온 사람을 두고 깔보거나 무시하는 행위. 한국에서 사는 동네가 이주노동자가 많은 곳인데 버스 기사들이 이들에게 경멸하는 말투로 반말하는 거 보면 어느 정도 답이 나오더라. 같은 나이에, 같은 체형의 한국인이 탔다면 과연 똑같은 반응을 보였을지. 외려 같은 상황에 서양인이었다면 안되는 영어를 동원해 가면서 자본주의 미소를 지었겠지. 누군가는 한국 사람들참 친절하다고 할 거야. 하지만 이는 약자에게 강하고 강자에겐 한없이 약해지는 비겁한 근성과 자민족 열등의식에서 비롯된 엄연한 차별이야.

폴란드에서 겪은 인종차별은 세 번째 유형이었어. 사실 중남미에서도 '치노!', '니하오!' 하는 소리를 많이 들었던 터라 못 배운 이들의 무지라고 치부했거든. 멕시코의 발랄하고 버릇없는 '치노'와 과테말라의 우울한 '치노'도 동양인은 처음 보는데 그냥 모르겠으니까 치노치노거리는 거야. 한국에 대입해 보면 지나가는 흑인 보고 '우와 흑형이다' 하는 정도? 여하튼 간에 두 개 모두 기분 나쁘지. 인종차별이니까.

그런데 여기, 브로츠와프에서 당한 인종차별은 조금 성격이 달랐어. 폴란드인이 자행한 거니까 당연히 두 번째 유형일 거라 생각했거든? 실제로 '중국인 새끼야', '너희 나라로 돌아가', 'White Power!'와 같은 말을 했으니까. 화이트 파워. 자민족 우월주의잖아. 백인이 제일 우월하다고 여겨 유색인종을 멸시하고 경멸하는. 히틀러가 지하에서 참 좋아하겠다. 하지만 한 가지 다른 점이 있었다면 이 사람은 제정신이 아니었어. 망가질 대로 일그러진 얼굴에 쉰내를 동반한 해져 가는 회색 반팔티, 술이나 약을 했는지 오는 내내 비틀거리더라고. 행색만으로 단정 지을 순 없지만 이 사람은 부랑자처럼 떠돌이 생활을 이어 나가던 건 아니었을까. 자신의 처지, 암울한 미래, 나아지지 않는 형편. 그러나 이를 극복하기를 던져 버린 의지박약. 문제점을 자기 사신에서 찾지 않는 우매한 이들을 보면 백이면 백 남 탓을 일삼거든? 자기를 써 줄 일자리는 없고. 그렇다 보니 설 자리는 좁아져 가고. 그런데 그 자리를 동양인과 같은 이민자들이 채우는 것처럼 보이는 거야. 어리석은 이들이 보기에 그런 이민자들이 얼마나 꼴 보기가 싫었겠니. 화풀이는 하고 싶은데 본인이 내세울 건 피부색밖에 없으니까 화이트 파워 그딴 말이나 하는 거라고.

시간이 지나서 보니까 그는 강 밑으로 내려가 담배를 태우고 있더라고. 근데 과연 그게 '담배'였는지는 알 수 없지만. 나는 그가 강물에 빠져 죽길 바랐어. 인류애, 박애주의, 동정, 연민. 필요 없고 그가 사회에서 청소되길 바랐거든.

D-1

베드버그에 물려 괴로워하다 주방에서 아침을 맞았다. 모스크바에

서 21시간 경유. 새벽 늦게야 도착한 숙소. 여행을 하루 남기고 굳이 4천 원짜리 숙소에 갈 필요가 있을까 싶었다. 마지막 날이잖아. 마지막 날이면 편한 곳에서 자도 괜찮잖아. 구태여 3층 침대에서도 꼭대기에 자리를 잡고는 피 머금은 벌레와 눈을 마주쳐야 했을까. 찝찝한 기분에 씻으려고 보니 수하물로 배낭을 부친 것이 떠올랐다. 가진 거라곤 여권과 지갑이 든 보조가방 하나. 그래 뭐, 하루쯤은 안 씻어도 괜찮겠지. 어차피 하루만 지나면 한국이다. 한국에 가면 숙소를 옮길 걱정도, 다음엔 어디로 갈지 고민할 필요도 없다. 그냥, 내려놓자. 발길 닿는 곳에서 점심을 먹고, 발길 닿는 대로 걷다가 시간에 맞춰서 공항에 가면 되겠지. 붉은 광장, 지난 가을에 롯데월드 같다고 했던 성당, 마찬가지로 지난 가을에 걸었던 거리. 시간이 흐르고 보니 오후 5시를 넘기고 있다. 공항까지는 그리 멀지 않으니 느지막이 가면 되겠지. 공항으로 가는 버스는 비행기가 떠나기 전에 발을 떼었다. 어차피 한국행 티켓은 내 손 안에 있으니, 곧바로 출국심사대로 향하면 된다. 마지막 순간만큼은 별일 없기를. 그러나 이를 반증하듯 도로는 차들로 꽉 메워져 있었다. 생각해 보니 여기도 퇴근길의 교통체

증이 있겠구나. 그래도 공항은 여기서 10km 남짓 거리에 불과하다. 눈앞에 보인다. 그러나 버스는 이를 부정하듯 멀리 돌아갈 뿐이다. 여전히 도로 위에 서 있다. 그리고 도로는 여전히 꽉 막혀 있다. 두 시간, 한 시간 반, 그래 이 정도는 버틸 만하지. 그러나 한 시간을 앞두자 불안은 초조로 더해 갔다. 차를 얻어 타기로 하자. 도로 반대편으로 뛰어가 지나가는 차를 붙잡고 울부짖는다. 터미널 D, 무슨 일이 있어도 터미널 D로 가야 한다. 여러 대의 트럭이 멈춰 섰지만 알아들을 수 없는 언어가 튕겨져 나갈 뿐이다. 그렇다면 택시를 잡아타기로 하자. 누구보다도 절박하고 초조하게, 설령 차에 사람이 타 있더라도 말이다. 지금 와서 보면 그런 배짱이 어디서 나왔나 싶다가도 한국으로 가야 한다는 절실함을 어느 것도 이길 수 없음을 깨달았다. 50만 원에 날하는 티켓값이 무서워서일 테지. 택시기사는 황당해 누어라 화를 내면서도 말도 통하지 않는 이의 한결같음에 차를 돌렸다. 나는 그저 '스바시바'만 외칠 뿐이다. 그가 나를 향해 말한 러시아어는 암호와 같다. 그전에 한국어, 영어와 같이 알아들을 수 있는 언어로 욕을 들어도 이보다 단단해지진 않으리라. 택시는 기존의 도로가 아닌 갓길로 질주한다. 도로의 차들이 멈춰 서 있는 것처럼 느낄 정도로. 급기야는 기존에 타고 있던 버스와 그 앞에 있던 같은 번호의 버스조차 따라잡는 경지에 이르게 되는데, 극에 달하는 공포를 땅 밑으로 안착시킨 나는 승리자다. 그러나 요금을 과연 얼마나 내야 하는 것인가. 미터기를 본 결과로는 금액이 많이 오르지 않음을 알 수 있었다. 당장 거리를 봐도 그리 먼 거리는 아닐 테니.

500루블.

그래, 나도 안다. 절박했던 상황과 택시요금의 무지함을 감안하면 기사 입장에선 충분히 떼먹기 좋은 금액이다. 하지만 수중에 가진 돈은 단 100루블. 적당히 쓸 만큼 쓰고 남겨 둔 금액이었다. 언어도 통하지 않을 기사에겐 100루블만을 보여 주고, 이번에도 역시 절박함으로 밀어붙일 뿐이다. 그래 얼른 가라, 가서 조심히 한국 들어가라. 귀찮았어도 좋고 얼른 꺼지라는 마음이었어도 좋다. 한국행 비행기에 오를 수만 있다면 감사한 마음으로 살아갈 테니.

"한국 사람이에요?"

뒤에 타 있던 여자였다. 한국 사람이라고 하자 자신의 손목을 보여 준다. 타투로 '격언'이라고 새긴 글씨가 눈에 들어온다. '격언'이라는 표현이 단순히 좋은 말이 아닌 뼈 있는 구절들을 포괄적으로 아우르는 표현이라는 걸 그녀는 아는지, 그러곤 대뜸 사진을 같이 찍자고 했다. 한국이라는 나라의 인기가 생각 외로 높긴 높구나.

비행기는 예정보다 한 시간 늦게 발을 떼었다. 나로서는 감사한 일이었다. 공항에 도착해서도 굳이 서두르지 않아도 되었음에, 그리고 모처럼 여유를 가질 수 있게 되었음에. 한국에 돌아가면 치솟은 찜통더위와 현실이라는 부담과 책임감 속에서 각박하게 살아갈 것이다.

지금 순간을 잘 기억해 두자. 여행 속에서 겪게 될 마지막 여유일 테니.

63

마무리 1

행복했습니다. 행복한 꿈을 꾸었습니다. 300일이 넘는 시간 동안 내
딛은 발걸음이 앞으로의 삶에 있어서 헛되지 않기를 바랄 뿐입니다.

#64
마무리 2

다채로운 삶이었다. 다채로운 여행이었다. 앞으로도 그럴 테지만, 나의 모든 것들이 더욱더 다채로워질 거라 믿어 의심치 않는다. 적당히 중간도 있고, 적당히 절정도 두고, 적당한 곳에서 결말을 맺는 그런 삶. 오히려 그런 삶이라 참 다행이다.

epilogue

한 달하고 보름이 지났다. 시간이 흘러가는 것도 인지하지 못한 채 쏜살같이 지나갔고 어느새 나는 연수원생활을 마친 신입사원이 되어 끊임없이 일을 배우고 있다. 모니터 화면에 비친 표 양식은 무엇을 의미하는 것인가, 그리고 이곳의 일은 어떠한 시스템에 맞춰 돌아가는가. 가끔 내가 되년 물류창고에 가서 물선을 떼 오거나 가져온 물건들을 정리하곤 하는데, 아직 시스템의 10%도 입력하지 못한 사회 초년생에겐 그나마 힘을 요하는 일이 자신 있게 느껴진다. 누가 보면 이상하게 보이겠지만 생각 외로 일이 재미있다. 무언가를 배우고, 배운 것을 토대로 실전에 응용할 수 있다는 것. 동탄에서 현장 일을 할 때도 같은 기분이었지만 그때의 나는 커다란 기계에 짜 맞춰진 나사에 불과했다. 지금처럼 나라는 주체가 살아 있음을 느끼지 않았다는 거다. 정말이지 오늘이 금요일인 게 이상하리만큼 시간이 빨리 간다고 생각했는데, 아 이마저도 담배의 힘이었던가.

일이 바쁜 탓에 회사 내에 있는 사람들과만 이야기를 나누다 보니 자연스레 바깥세상과는 멀어지게 되는데, 세상과 동떨어져 살아간다는 게 이렇게도 편할 수가 없다. 오늘의 일과, 내일의 일과, 그리고 주

말까지 남은 날의 수. 근심 걱정은 멀어져 가고 바깥에서 일어나는 일에 아파하고 괴로워하지 않는다. 사실 세계 일주를 하면서도 한국에서 일어나는 일들을 예의 주시하던 탓에 그 나라만의 분위기나 감정을 제대로 느끼기엔 조금 어려웠던 점이 없지 않아 있었는데, 여행에서도 이루지 못한 일을 취직을 통해 이루게 된다. 후에 퇴사하고 다시 여행을 가게 된다면 지금의 감정을 잊지 않도록 하자.

봄이 되고 개나리가 필 무렵이 되면 연차를 낼 계획이다. 나 같은 신입사원들은 무조건 연차를 내야 한다고 하더라. 보통 4일 정도 쓸 수 있다고 하는데 오랜만에 제주도에 가려고 한다. 덧없이 맑은 하늘(물론 이곳에서 보는 하늘도 덧없이 맑지만, 제주의 하늘은 또 다른 느낌이 있다.), 덧없이 맑은 바다(태평양과 대서양, 인도양 등 바다란 바다는 다 보았지만 제주 바다만큼 사람 마음을 편안하게 하는 데가 없다.), 그리고 막걸리라고 쓰고 사람이라 읽겠지. 아무리 이곳에서의 일상이 익숙하다고 해도 이전의 나를 잊어선 안 된다. 긴 여행을 끝내고 책을 쓰기 위해 준비하던 이전의 내 모습을 잊기 전에 제주도에 가자. 그때가 된다면 또 다른 모습과 다른 마음가짐으로 바뀌어 있겠지.

우리는 수평선상에 놓인 수직일 뿐이다

대학 대신 여행을 택한 20대의 현실적인 여행 에세이

초판 1쇄 발행 2020년 2월 14일

글·사진 이원재

펴낸이 김선기
펴낸곳 (주)푸른길
출판등록 1996년 4월 12일 제16-1292호
주소 (08377) 서울시 구로구 디지털로 33길 48 대륭포스트타워 7차 1008호
전화 02-523-2907, 6942-9570~2
팩스 02-523-2951
이메일 purungilbook@naver.com
홈페이지 www.purungil.co.kr

ISBN 978-89-6291-853-3 03980

*이 도서의 국립중앙도서관 출판시도서목록(CIP)은 e-CIP홈페이지(http://www.nl.go.kr/ecip)와 국가자료공동목록시스템(http://www.nl.go.kr/kolisnet)에서 이용하실 수 있습니다.(CIP제어번호: 2020004092)